理工系のための
微分積分学入門

永安　聖・平野克博・山内淳生　著

共立出版

はじめに

　本書は，理工系の学部に所属する大学生が，初年級に微分積分を学習するための教科書である．微分積分は，線形代数と共に数学の根幹であり，数学は物理や化学・工学などの現代科学と先端技術の基礎を成している．よって，微分積分の理解・習得は，理工系の学生が大学で学ぶための第一歩である．学生諸君は既に高校で微分積分に関する基本的な事柄を学習していることと思う．本書の第1章から第3章では，1変数関数の微分積分に関する一歩進んだ内容を扱う．次に第4章・第5章で，多変数関数の微分積分である偏微分や重積分について考える．また，第6章で級数，第7章では微分方程式の基本的な事柄を取り扱う．大学に入ったばかりの学生諸君に，これら微分積分の基礎を無理なく身に着けてもらうことが本書の目的である．理工系の各分野で数学を応用するにあたり，本書を最初のステップとしていただきたい．

　本書では，必ずしも厳密な証明にはこだわらず，できるだけ感覚的で分かりやすい説明を心掛けた．そのため豊富な実例と図を入れた．また，本文の内容の理解の助けとなるよう，ほぼすべての節に対し演習問題を用意した．復習しやすいように，それらは各章の最後にまとめて置いてある．演習問題は，基本的なものから後で学ぶ内容につながるもの，さらにやや応用的なものまで数多く揃えた．なお，授業で使うことを考え，解答は略解のみにとどめている．

　本書は兵庫県立大学大学院物質理学研究科数理科学講座の教員3人が執筆した．本書執筆の際の編集会議に同席し，幾多の貴重な助言をくださった岩崎千里先生に，まず心から感謝いたします．また，同講座の同僚の方々からも，演習問題の提供をはじめ，多くのご協力をいただいたことに感謝いたします．

最後に，執筆の遅れを辛抱強く待ってくださった共立出版株式会社の寿日出男さん，野口訓子さんと古宮義照さんをはじめ編集部の方々に感謝の意を表します．

2013 年 10 月

著 者

目 次

第1章 極限と連続性　　　　　　　　　　　　　　　　　　　　　　1
　1.1　実数の性質と数列の極限　*1*
　1.2　関数の極限と連続性　*6*
　1.3　逆関数　*13*
　演習問題　*20*

第2章 一変数の微分　　　　　　　　　　　　　　　　　　　　　　22
　2.1　関数の微分　*22*
　2.2　平均値の定理　*31*
　2.3　高次導関数　*35*
　2.4　テイラーの定理　*38*
　2.5　ロピタルの定理　*50*
　2.A　付録　マクローリン展開の証明　*52*
　演習問題　*54*

第3章 一変数の積分　　　　　　　　　　　　　　　　　　　　　　58
　3.1　定積分と不定積分・原始関数　*58*
　3.2　様々な関数の原始関数の計算　*68*
　3.3　広義積分　*74*
　3.4　ガンマ関数とベータ関数，その1　*83*
　3.5　曲線の長さ　*86*
　3.A　付録　区分求積法　*87*
　演習問題　*90*

第4章　偏微分　93

- 4.1　2変数関数とその極限・連続性　*93*
- 4.2　偏微分　*94*
- 4.3　連鎖律　*97*
- 4.4　高階偏導関数，2変数関数のテイラーの定理　*104*
- 4.5　2変数関数の極値　*112*
- 4.6　陰関数定理　*118*
- 4.A　付録 2変数関数とその極限・連続性 (続き)　*120*
- 演習問題　*122*

第5章　重積分　126

- 5.1　重積分と累次積分　*126*
- 5.2　重積分の変数変換　*135*
- 5.3　3重積分　*142*
- 5.4　体積と曲面の面積　*146*
- 5.5　ガンマ関数とベータ関数，その2　*153*
- 5.A　付録 微分と積分の順序交換　*155*
- 演習問題　*157*

第6章　級数　161

- 6.1　級数　*161*
- 6.2　べき級数　*166*
- 6.A　付録 複素数の指数関数　*177*
- 演習問題　*179*

第7章　微分方程式　181

- 7.1　1階微分方程式　*182*
- 7.2　2階定数係数線形微分方程式　*188*
- 演習問題　*198*

演習問題の略解　201

索　引　213

ギリシャ文字

左から順に，大文字，小文字，読み方を表す．

A	α	アルファ	N	ν	ニュー
B	β	ベータ	Ξ	ξ	クシー，グザイ
Γ	γ	ガンマ	O	o	オミクロン
Δ	δ	デルタ	Π	π, ϖ	パイ
E	ε, ϵ	イプシロン	P	ρ, ϱ	ロー
Z	ζ	ゼータ	Σ	σ, ς	シグマ
H	η	エータ，イータ	T	τ	タウ
Θ	θ, ϑ	シータ，テータ	Υ	υ	ウプシロン
I	ι	イオタ	Φ	φ, ϕ	ファイ
K	$\kappa, \varkappa$	カッパ	X	χ	カイ
Λ	λ	ラムダ	Ψ	ψ	プサイ
M	μ	ミュー	Ω	ω	オメガ

記号

- $\mathbb{R}$ で実数全体の集合, $\mathbb{C}$ で複素数全体の集合を表す.
  尚，本書では用いないが, $\mathbb{Z}, \mathbb{Q}$ でそれぞれ整数，有理数全体の集合を表す.
- $\exp(t) = e^t$ である．この記号は t の部分が複雑なときによく使われる．
- $\det$ で行列式を表す．例えば 2 次正方行列の行列式は

$$\det \begin{pmatrix} a & b \\ c & d \end{pmatrix} = ad - bc.$$

詳しくは線形代数の教科書を参照.

第1章 極限と連続性

1.1 実数の性質と数列の極限

■ 区間

実数 a, b に対し,$a \leq x \leq b$ をみたす実数 x 全体の集合を $[a, b]$ と表す.また,ある条件を満たす実数全体の集合を $\{x \in \mathbb{R} : 条件\}$ と表す.よって,例えば $[a, b] = \{x \in \mathbb{R} : a \leq x \leq b\}$ と表せる.同様に,

$$(a, b) = \{x \in \mathbb{R} : a < x < b\}, \qquad (a, b] = \{x \in \mathbb{R} : a < x \leq b\},$$
$$[a, \infty) = \{x \in \mathbb{R} : x \geq a\}, \qquad (-\infty, b) = \{x \in \mathbb{R} : x < b\}$$

と表す.$[a, b)$, (a, ∞), $(-\infty, b]$ も同様に定義する.このような $\mathbb{R}$ の部分集合を**区間**と呼ぶ.なお,$\mathbb{R}$ 自身を $(-\infty, \infty)$ と表すこともある.

■ 数列の収束

$\{a_n\}$ を実数からなる数列とする.整数 n を大きくしていくと,a_n が限りなくある実数 α に近づくとき,「$\{a_n\}$ は α に**収束**する」といい,

$$\lim_{n \to \infty} a_n = \alpha, \quad あるいは \quad a_n \to \alpha \ (n \to \infty) \tag{1.1}$$

と表す.またこのとき,「数列 $\{a_n\}$ の**極限**は α である」という.例えば,

$$\lim_{n \to \infty} \frac{1}{n} = 0, \quad \lim_{n \to \infty} \frac{n}{n+1} = 1$$

が成り立つ.一方,数列 $\{a_n\}$ がどのような実数にも収束しないとき,「$\{a_n\}$

は**発散**する」という．例えば，数列 $\{(-1)^n\}$ や $\{(-2)^n\}$ は発散する．そして特に，n を大きくしていくと a_n が限りなく大きくなるとき，「$\{a_n\}$ は (正の) 無限大に発散する」といい，

$$\lim_{n\to\infty} a_n = \infty, \quad \text{あるいは} \quad a_n \to \infty \ (n \to \infty)$$

と表す．同様に，n を大きくしていくと a_n が負の値をとりその絶対値が限りなく大きくなるとき，「$\{a_n\}$ は負の無限大に発散する」といい，

$$\lim_{n\to\infty} a_n = -\infty, \quad \text{あるいは} \quad a_n \to -\infty \ (n \to \infty)$$

と表す．例えば，

$$\lim_{n\to\infty} n^2 = \infty, \quad \lim_{n\to\infty}(-n^3) = -\infty$$

である．なお，$\pm\infty$ という実数が存在するわけではないので，$a_n \to \infty$ や $a_n \to -\infty \ (n \to \infty)$ のとき $\{a_n\}$ が収束するとはいわない．

極限に関する次の二つの定理 (定理 1.1.1, 定理 1.1.2) は直感的には明らかであろう．

定理 1.1.1 数列 $\{a_n\}, \{b_n\}$ はそれぞれ α, β に収束するとする．このとき，次が成り立つ．

(i) $\displaystyle\lim_{n\to\infty}(c_1 a_n + c_2 b_n) = c_1\alpha + c_2\beta$. (ただし，$c_1, c_2$ は定数)

(ii) $\displaystyle\lim_{n\to\infty}(a_n b_n) = \alpha\beta$.

(iii) $\displaystyle\lim_{n\to\infty}\frac{a_n}{b_n} = \frac{\alpha}{\beta}$. (ただし，$\beta \neq 0$ のとき)

定理 1.1.2 はさみうちの原理 数列 $\{a_n\}, \{b_n\}, \{c_n\}$ は，すべての n に対し $a_n \leq b_n \leq c_n$ をみたし，さらに数列 $\{a_n\}, \{c_n\}$ はともに α に収束するとする．このとき，数列 $\{b_n\}$ も α に収束する．

定理 1.1.1 や定理 1.1.2 を用いても極限が求められない場合，その数列の収束・発散を判定するのは一般には難しい．しかし，ある条件をみたす数列については，極限が具体的に求められなくとも収束することが示せる．この事実を説明するために，いくつかの用語を定義しよう．

定義 1.1.3 数列の単調性 数列 $\{a_n\}$ がすべての n に対して $a_n \leq a_{n+1}$ をみたす，即ち

$$a_1 \leq a_2 \leq a_3 \leq \cdots \leq a_n \leq a_{n+1} \leq \cdots$$

をみたすとき，「数列 $\{a_n\}$ は**単調増加**である」という．同様に，すべての n について $a_n \geq a_{n+1}$，即ち

$$a_1 \geq a_2 \geq a_3 \geq \cdots \geq a_n \geq a_{n+1} \geq \cdots$$

が成り立つとき，「数列 $\{a_n\}$ は**単調減少**である」という．

例えば，数列 $\{1/n\}$ は単調減少であり，数列 $\{n/(n+1)\}$ や $\{n^2\}$ は単調増加である．また，数列 $\{(-1)^n\}$ や $\{(-2)^n\}$ は単調ではない．

定義 1.1.4 数列の有界性 数列 $\{a_n\}$ のどの項よりも大きな実数 M が存在する，即ち「すべての n に対して $a_n \leq M$ が成り立つ」ような実数 M が存在するとき，「数列 $\{a_n\}$ は**上に有界**である」という．同様に，数列 $\{a_n\}$ のどの項よりも小さな実数が存在するとき，「数列 $\{a_n\}$ は**下に有界**である」という．

■ 実数の連続性

数列 $\{a_n\}$ が単調増加で上に有界，即ち

$$a_1 \leq a_2 \leq a_3 \leq \cdots \leq a_n \leq a_{n+1} \leq \cdots \leq M$$

としよう．このとき，$\{a_n\}$ は n と共に大きくなるが，M を超えることはない．従って，$n \to \infty$ のとき M 以下のある値に収束することが予想される（図1.1 参照）．実際，この予想は正しく，次の事実が成り立つ．

― 実数の連続性 ―
上に有界な単調増加数列は，ある実数に収束する．同様に，下に有界な単調減少数列は，ある実数に収束する．

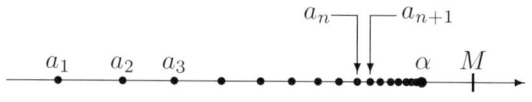

図 1.1: 上に有界で単調増加な数列は収束する.

例 1.1.5 数列 $\{a_n\}$ を,

$$a_1 = 0, \quad a_{n+1} = \sqrt{a_n + 1} \quad (n = 1, 2, \ldots)$$

で定義する. このとき, この数列 $\{a_n\}$ が収束することを, 実数の連続性を用いて証明しよう.

まず, 数列 $\{a_n\}$ が上に有界であることを示そう. 特に, すべての n に対して $a_n \leq 2$ が成り立つことを示せばよい. これを帰納法で示そう. $a_1 = 0 < 2$ だから, $n = 1$ のときは成り立つ. そこで $n = k$ のときに成り立つ, 即ち $a_k \leq 2$ が成り立つと仮定しよう. すると, $a_{k+1} = \sqrt{a_k + 1} \leq \sqrt{2+1} = \sqrt{3} < 2$ だから, 確かに $n = k+1$ のときにも成り立つ. 以上から, 帰納法により, すべての n に対して $a_n \leq 2$ が成り立つことが分かった.

次に, 数列 $\{a_n\}$ が単調増加であることを示そう. すべての n に対して $a_n < a_{n+1}$ が成り立つことを示せばよいが, $a_k < a_{k+1}$ のとき $a_{k+1} = \sqrt{a_k + 1} < \sqrt{a_{k+1} + 1} = a_{k+2}$ であることに注意すれば, これも帰納法により示すことができる.

以上により, 数列 $\{a_n\}$ は上に有界かつ単調増加であることが分かったので, 実数の連続性によりこれは収束する. なおこの場合は数列 $\{a_n\}$ の極限 α が簡単に求まる. 実際, 極限の存在は示したから, $\{a_n\}$ に関する漸化式に対して $n \to \infty$ とすることで, α に関する方程式 $\alpha^2 = \alpha + 1$ を得る. これを解けば $\alpha = (1 \pm \sqrt{5})/2$ となるが, $\alpha = (1 - \sqrt{5})/2 < 0$ は不適なので, 極限は $\alpha = (1 + \sqrt{5})/2$ であることが分かる.

例 1.1.6 $a_n = \left(1 + \dfrac{1}{n}\right)^n$ とする. 実はこの数列 $\{a_n\}$ は上に有界でしかも単調増加となり, よって実数の連続性により収束する. これを確かめよう.

二項定理により,

$$(1+x)^n = \sum_{k=0}^{n} {}_n\mathrm{C}_k x^k = 1 + nx + \frac{n(n-1)}{2}x^2 + \cdots + x^n$$

が成り立つ．ただし，${}_n\mathrm{C}_k$ は二項係数である．今，$x = 1/n$ とおくと

$$a_n = 1 + \sum_{k=1}^{n} {}_n\mathrm{C}_k \frac{1}{n^k} \qquad (n \geq 1) \tag{1.2}$$

となる．ここで二項係数の性質より

$${}_n\mathrm{C}_k \frac{1}{n^k} = \frac{n!}{k!(n-k)!} \frac{1}{n^k} = \frac{1}{k!} \frac{n(n-1)\cdots(n-k+1)}{n^k}$$

と表せるが，最後の式中の分子にある k 個の因数 $n, n-1, \ldots, n-k+1$ をそれぞれ分母の n で割ることで

$${}_n\mathrm{C}_k \frac{1}{n^k} = \frac{1}{k!}\left(1 - \frac{1}{n}\right)\left(1 - \frac{2}{n}\right)\cdots\left(1 - \frac{k-1}{n}\right) \tag{1.3}$$

が分かる．これを用いて，$1 \leq k \leq n$ に対して次が成り立つことを示そう．

$$\text{(i)} \ {}_n\mathrm{C}_k \frac{1}{n^k} \leq {}_{n+1}\mathrm{C}_k \frac{1}{(n+1)^k}, \qquad \text{(ii)} \ {}_n\mathrm{C}_k \frac{1}{n^k} \leq \frac{1}{2^{k-1}}. \tag{1.4}$$

式 (1.3) の右辺の各因子に注目すれば，式 (1.3) は n を $n+1$ にした方が大きくなるのが分かる．よって(i)が成り立つ．次に(ii)を示す．(1.3) から明らかに ${}_n\mathrm{C}_k/n^k \leq 1/k!$．これより $k! \geq 2^{k-1}$ を示せば十分である．実際 $k=1$ のとき $1! = 2^0 = 1$ であり，$k \geq 2$ のとき $k! = k(k-1)\cdots 2 \geq 2^{k-1}$ となるから確かに $k! \geq 2^{k-1}$ である．よって(ii)も示せた．

さて，(1.2) と (1.4)(i)により

$$\begin{aligned}
a_n = 1 + \sum_{k=1}^{n} {}_n\mathrm{C}_k \frac{1}{n^k} &\leq 1 + \sum_{k=1}^{n} {}_{n+1}\mathrm{C}_k \frac{1}{(n+1)^k} \\
&< 1 + \sum_{k=1}^{n+1} {}_{n+1}\mathrm{C}_k \frac{1}{(n+1)^k} = a_{n+1}.
\end{aligned}$$

ここで，最後の等号は (1.2) で n を $n+1$ にしたものである．これより $\{a_n\}$ は単調増加である．一方，(1.2) に (1.4)(ii)を適用すると

$$a_n \leq 1 + \sum_{k=1}^{n} \frac{1}{2^{k-1}} = 1 + 2\left(1 - \frac{1}{2^n}\right) < 3.$$

即ち，$\{a_n\}$ は上に有界である．従って，実数の連続性により $\lim_{n\to\infty} a_n$ が存在する．この極限値を e と表すのである．つまり，

$$e = \lim_{n\to\infty} \left(1 + \frac{1}{n}\right)^n. \tag{1.5}$$

実際には $e = 2.718281828459\cdots$ で無理数であることが知られている．

1.2 関数の極限と連続性

■ 関数の極限

前の節では，数列の極限について述べた．この節では，関数の極限について考えよう．

定義 1.2.1 収束・極限・右極限・左極限 (i) 変数 x を，a と異なる値をとりながら a に近づけると，$f(x)$ がある値 α に限りなく近づくとき，

$$\lim_{x\to a} f(x) = \alpha, \quad \text{あるいは} \quad f(x) \to \alpha \ (x \to a)$$

と表し，「$x \to a$ のとき $f(x)$ は α に**収束**する」，あるいは「$x \to a$ のとき $f(x)$ の**極限**は α である」という．

(ii) $x > a$ をみたしながら x を a に近づけると，$f(x)$ がある値 α に限りなく近づくとき，

$$\lim_{x\to a+0} f(x) = \alpha, \quad \text{あるいは} \quad f(x) \to \alpha \ (x \to a+0)$$

と表し，「$f(x)$ の点 $x = a$ における**右極限**は α である」という．同様に，$x < a$ をみたしながら x を a に近づけると，$f(x)$ がある値 α に限りなく近づくとき，

$$\lim_{x \to a-0} f(x) = \alpha, \quad \text{あるいは} \quad f(x) \to \alpha \ (x \to a-0)$$

と表し,「$f(x)$ の点 $x = a$ における**左極限**は α である」という.

なお,$\lim_{x \to a+0} f(x) = \lim_{x \to a-0} f(x) = \alpha$ ならば,$\lim_{x \to a} f(x) = \alpha$ が成り立つ.また,点 $x = 0$ における右極限 $\lim_{x \to 0+0} f(x)$ は,しばしば $\lim_{x \to +0} f(x)$ と表す.同様に,点 $x = 0$ における左極限 $\lim_{x \to 0-0} f(x)$ を $\lim_{x \to -0} f(x)$ とも表す.

注意 1.2.2 関数 $f(x)$ の点 $x = a$ における極限・右極限・左極限を考える際,必ずしも関数 $f(x)$ が点 $x = a$ で定義されている必要はない.また,定義されていても,その値 $f(a)$ は極限には関係しない.例えば,関数 $f(x)$ を

$$f(x) = \begin{cases} 1 & (x \geq 0), \\ 0 & (x < 0) \end{cases}$$

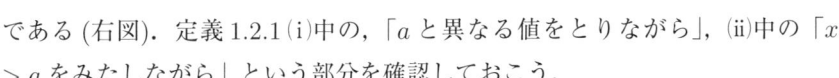

で定義すると,

$$\lim_{x \to +0} f(x) = 1, \quad \lim_{x \to -0} f(x) = 0$$

である (右図).定義 1.2.1 (i) 中の,「a と異なる値をとりながら」,(ii) 中の「$x > a$ をみたしながら」という部分を確認しておこう.

一方で,変数 x を,a と異なる値をとりながら a に近づけると,$f(x)$ がいくらでも大きくなるとき,

$$\lim_{x \to a} f(x) = \infty, \quad \text{あるいは} \quad f(x) \to \infty \ (x \to a)$$

と表し,「$x \to a$ のとき $f(x)$ は (正の) 無限大に**発散**する」という.

$$\lim_{x \to a} f(x) = -\infty, \quad \lim_{x \to a+0} f(x) = -\infty, \quad \lim_{x \to a-0} f(x) = \infty$$

なども同様に定義する.なお,$f(x)$ が正や負の無限大に発散するときに「収束する」とはいわないのは数列のときと同様である.

また,x を限りなく大きくすると $f(x)$ がある値 α に近づくとき,

$$\lim_{x \to \infty} f(x) = \alpha, \qquad あるいは \qquad f(x) \to \alpha \ (x \to \infty)$$

と表し,「$x \to \infty$ のとき $f(x)$ は α に収束する」という.

$$\lim_{x \to -\infty} f(x) = \alpha, \qquad \lim_{x \to \infty} f(x) = \infty, \qquad \lim_{x \to \infty} f(x) = -\infty$$

なども同様に定義する.

数列の極限のとき(定理 1.1.1,定理 1.1.2)と同様,極限に関する次の二つの定理(定理 1.2.3,定理 1.2.4)が成り立つのは直感的に明らかであろう.

定理 1.2.3 関数 $f(x), g(x)$ は,$x \to a$ のときそれぞれ実数 α, β に収束するとする.このとき次の(i)-(iii)が成り立つ.

(i) $\lim_{x \to a} \bigl(c_1 f(x) + c_2 g(x)\bigr) = c_1 \alpha + c_2 \beta$.(ただし,$c_1, c_2$ は定数)

(ii) $\lim_{x \to a} \bigl(f(x)g(x)\bigr) = \alpha\beta$.

(iii) $\lim_{x \to a} \dfrac{f(x)}{g(x)} = \dfrac{\alpha}{\beta}$.(ただし,$\beta \neq 0$ のとき)

定理 1.2.4 はさみうちの原理 関数 $f(x), g(x), h(x)$ が,任意の x に対して $f(x) \leq g(x) \leq h(x)$ をみたすとする.このとき,もし $\lim_{x \to a} f(x) = \lim_{x \to a} h(x) = \alpha$ ならば,$\lim_{x \to a} g(x) = \alpha$ が成り立つ.

これら二つの定理は,極限に対してだけではなく,左極限や右極限に対しても成り立つ.

■ よく知られた極限

関数の極限のうち,よく知られているものを紹介しよう.

例 1.2.5 $\lim_{x \to 0} \dfrac{\sin x}{x} = 1$.

【証明】 まず,$0 < x < \pi/2$ とする.図 1.2 の左図のように点 A, B, C を定める.すると,弧を AB とする扇形 OAB(図 1.2 の右図)の面積は,三角形 OAB の面積より大きく,三角形 OAC の面積より小さい.よって,

$$0 < \frac{\sin x}{2} < \frac{x}{2} < \frac{\tan x}{2}, \qquad 即ち \qquad 0 < \sin x < x < \tan x$$

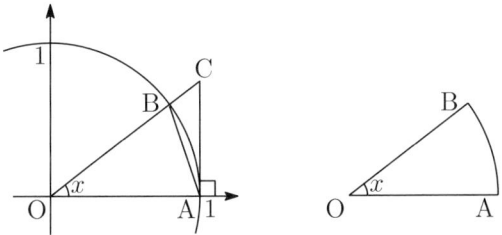

図 1.2: $\lim_{x \to 0} \dfrac{\sin x}{x} = 1$ の証明. 右図扇形 OAB の面積は $\dfrac{x}{2}$.

が成り立つ. そして両辺を $\sin x (> 0)$ で割って逆数をとると

$$\cos x < \frac{\sin x}{x} < 1$$

を得る. $\cos x \to 1$ $(x \to +0)$ だから, はさみうちの原理 (定理 1.2.4) により

$$\lim_{x \to +0} \frac{\sin x}{x} = 1. \tag{1.6}$$

一方, $x < 0$ とすると, $\dfrac{\sin x}{x} = \dfrac{\sin(-x)}{-x}$ だから, $t = -x$ とおくことで,

$$\lim_{x \to -0} \frac{\sin x}{x} = \lim_{x \to -0} \frac{\sin(-x)}{-x} = \lim_{t \to +0} \frac{\sin t}{t} = 1 \tag{1.7}$$

が分かる (最後の等号は式 (1.6) による). よって, 式 (1.6), (1.7) により, 示したい式が示された. ∎

例 1.2.6 前節の例 1.1.6 で e の定義について述べたが, この e に関連する極限をいくつか紹介しよう.

(i) $\lim_{x \to \infty} \left(1 + \dfrac{1}{x}\right)^x = e$.   (ii) $\lim_{x \to -\infty} \left(1 + \dfrac{1}{x}\right)^x = e$.

(iii) $\lim_{x \to 0} (1 + x)^{1/x} = e$.

なお, この式(i)と式 (1.5) との違いは, 式 (1.5) では n は自然数のみを考えていたのに対し, 式(i)では x が実数を動くことである.

【証明】(i) 実数 $x \geq 1$ に対して, $n \leq x < n + 1$ をみたすように整数 n を定めると, 不等式

$$\left(1+\frac{1}{n+1}\right)^n < \left(1+\frac{1}{x}\right)^x < \left(1+\frac{1}{n}\right)^{n+1}$$

が成り立つ．ここで $x \to \infty$ とすると $n \to \infty$ だから，一番左の項は

$$\left(1+\frac{1}{n+1}\right)^n = \left(1+\frac{1}{n+1}\right)^{n+1}\left(1+\frac{1}{n+1}\right)^{-1} \to e \cdot 1 = e,$$

一番右の項は

$$\left(1+\frac{1}{n}\right)^{n+1} = \left(1+\frac{1}{n}\right)^n\left(1+\frac{1}{n}\right) \to e \cdot 1 = e$$

となる．よって，はさみうちの原理(定理 1.2.4)により式(i)が成り立つ．

(ii) $y = -x$ とおく．すると，$x \to -\infty$ のとき $y \to \infty$ だから，直前で示した(i)より，

$$\left(1+\frac{1}{x}\right)^x = \left(1-\frac{1}{y}\right)^{-y} = \left(\frac{y}{y-1}\right)^y = \left(1+\frac{1}{y-1}\right)^y$$
$$= \left(1+\frac{1}{y-1}\right)^{y-1}\left(1+\frac{1}{y-1}\right) \to e \cdot 1 = e.$$

(iii) まず $\lim_{x \to +0}(1+x)^{1/x}$ を考える．$t = 1/x$ とすると，$x \to +0$ のとき $t \to \infty$ なので，(i)より

$$\lim_{x \to +0}(1+x)^{1/x} = \lim_{t \to \infty}\left(1+\frac{1}{t}\right)^t = e.$$

同様に，$\lim_{x \to -0}(1+x)^{1/x}$ についても $t = 1/x$ とおくと(ii)より

$$\lim_{x \to -0}(1+x)^{1/x} = \lim_{t \to -\infty}\left(1+\frac{1}{t}\right)^t = e.$$

よって(iii)が成り立つ． ∎

例 1.2.7 例 1.2.6 などを使うことにより，次が示せる．

(i) $\lim_{x \to 0}\dfrac{\log(1+x)}{x} = 1.$ (ii) $\lim_{x \to 0}\dfrac{e^x - 1}{x} = 1.$

【証明】(i) $\dfrac{\log(1+x)}{x} = \log\left((1+x)^{1/x}\right)$ だから，例 1.2.6 (iii)により

$$\frac{\log(1+x)}{x} = \log\left((1+x)^{1/x}\right) \to \log e = 1 \quad (x \to 0)$$

が分かる．ただし，厳密にいえば極限をとる際に log の連続性を用いている．連続性についてはこの例の直後で議論する．

(ii) $t = e^x - 1$ とおく．すると，$x \to 0$ のとき $t \to 0$ だから，直前で計算した(i)により

$$\frac{e^x - 1}{x} = \frac{t}{\log(1+t)} = \frac{1}{\dfrac{\log(1+t)}{t}} \to \frac{1}{1} = 1$$

が得られる． ∎

■ 連続関数

点 $x = a$ を含む開区間上で定義された関数 $f(x)$ が，

$$\lim_{x \to a} f(x) = f(a)$$

をみたすとき，「$f(x)$ は点 $x = a$ で**連続**である」という．また，関数 $f(x)$ が区間 $[a, b]$ で定義されているときには，

$$\lim_{x \to a+0} f(x) = f(a)$$

が成り立てば，「$f(x)$ は点 $x = a$ で連続である」といい，同様に

$$\lim_{x \to b-0} f(x) = f(b)$$

が成り立てば，「$f(x)$ は点 $x = b$ で連続である」という．そして，区間 I で定義された関数 $f(x)$ が，区間 I の各点で連続であるとき，「関数 $f(x)$ は区間 I で連続である」という．例えば，$x, \sin x, e^x$ などは $\mathbb{R}$ 上で連続な関数である．また，$\tan x$ は $x \neq \left(n + \dfrac{1}{2}\right)\pi$ (n は整数) で連続な関数である．一方，注意 1.2.2 の関数 $f(x)$ は点 $x = 0$ で不連続である．

関数の極限に関する定理 1.2.3 を使うと，連続関数の和差積商に関する次の定理が得られる．

定理 1.2.8 関数 $f(x)$ と $g(x)$ がいずれも点 $x = a$ で連続とする．このとき，次の(i)-(iii)の関数は点 $x = a$ で連続である．

(i) $c_1 f(x) + c_2 g(x)$. (ただし，c_1, c_2 は定数)

(ii) $f(x)g(x)$.

(iii) $\dfrac{f(x)}{g(x)}$. (ただし，$g(a) \neq 0$ のとき)

また，連続関数の合成関数に関する次の定理も成り立つ．

定理 1.2.9 関数 $f(x)$ が点 $x = a$ で連続，関数 $g(y)$ が点 $y = f(a)$ で連続ならば，その合成関数 $z = g(f(x))$ は点 $x = a$ で連続である．

連続関数が持つ性質のうち，理論的な観点から重要なものの一つが，次の中間値の定理である (図 1.3 参照).

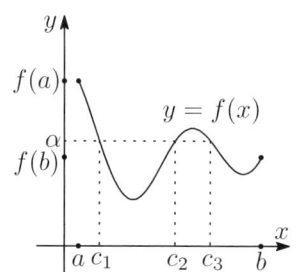

図 **1.3**: 中間値の定理．この図の場合，$f(c_1) = f(c_2) = f(c_3) = \alpha$.

定理 1.2.10 中間値の定理 関数 $f(x)$ は区間 $[a,b]$ で連続とし，$f(a) \neq f(b)$ とする．α を $f(a)$ と $f(b)$ の間の任意の数とすると，$f(c) = \alpha$ をみたす $c \in (a,b)$ が少なくとも一つ存在する．

連続関数が持つもう一つの重要な性質は，最大値・最小値に関する定理 (定理 1.2.12) である．まず，最大値・最小値の定義を確認し，その後で定理を述べよう．

定義 1.2.11 最大値・最小値 $f(x)$ を区間 I で定義された関数とし，$c \in I$ とする．このとき，「関数 $f(x)$ が I 上 $x = c$ で**最大値**をとる」とは，$f(x) \leq f(c)$ がすべての $x \in I$ に対して成り立つことをいう．同様に，「関数 $f(x)$ が I 上 $x = c$ で**最小値**をとる」とは，$f(x) \geq f(c)$ がすべての $x \in I$ に対して成り立つことをいう．

定理 1.2.12 関数 $f(x)$ は区間 $[a,b]$ で連続とする．このとき，$f(x)$ は $[a,b]$ 上最大値と最小値をとる．

この定理で重要なのは，区間 $[a,b]$ 上での連続関数を考えているということである (図 1.4 参照．この図の場合，関数 $f(x)$ は $x = c_1$ で最大値，$x = c_2$ で

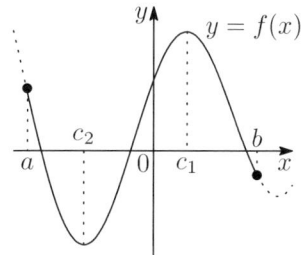
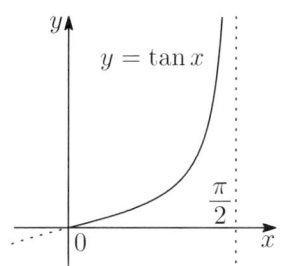

図 1.4: 区間 $[a,b]$ 上の連続関数は最大値・最小値をとる．

図 1.5: $y = \tan x$ のグラフ．

最小値をとる）．$[a,b]$ の形でない区間で定義された連続関数は，最大値や最小値を持つとは限らない．例えば，関数 $f(x) = \tan x$ は区間 $[0, \pi/2)$ で連続だが，$f(x) \to \infty$ $(x \to \pi/2 - 0)$ である．よって最大値は存在しない（図 1.5 参照）．

1.3 逆関数

■ 逆関数

初めに例として，関数 $f(x) = 2x-3$ について考えよう．$y = f(x)$ のグラフは図 1.6 のようになる．そして左のグラフのように，変数 x に対し $y = 2x-3$ が対応している．ここで $y = 2x-3$ を x について解くと $x = (y+3)/2$ だから，右のグラフのように，変数 y には $x = (y+3)/2$ が対応することが分か

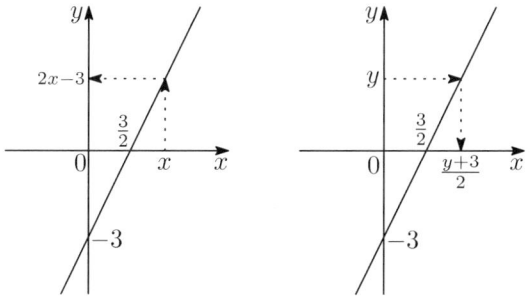

図 1.6: $y = 2x-3$ のグラフ．

る．

このように，$y=f(x)$ と書かれた関数が $x=g(y)$ の形で書けたとき，関数 $x=g(y)$ を関数 $y=f(x)$ の**逆関数**と呼ぶ．連続関数 $y=f(x)$ の逆関数が存在するのは，関数が単調なときに限ることが知られている．ここでまず，関数が単調であるということの定義を述べておこう．

定義 1.3.1 関数の単調性 区間 I で定義された関数 $f(x)$ が，条件

$$x_1, x_2 \in I,\ x_1 < x_2\ \text{ならば}\ f(x_1) < f(x_2)$$

をみたすとき，「関数 $f(x)$ は**単調増加**である」という．また，条件

$$x_1, x_2 \in I,\ x_1 < x_2\ \text{ならば}\ f(x_1) > f(x_2)$$

をみたすとき，「関数 $f(x)$ は**単調減少**である」という．単調増加な関数と単調減少な関数をまとめて**単調**な関数と呼ぶ．

さて，区間 $[a,b]$ 上定義された連続関数 $f(x)$ が単調増加であるとする．この関数 $y=f(x)$ の逆関数がどのように定義されるか考えよう．まず $\alpha = f(a),\ \beta = f(b)$ とおく．すると $y=f(x)$ のグラフは図 1.7 のようになるから，各 $y \in [\alpha, \beta]$ に対して，

$$f(x) = y \quad (a \leq x \leq b) \tag{1.8}$$

をみたす x が唯一つ存在することが分かる (注意 1.3.2 参照)．これにより，y から x への対応が定まる．即ち x は y の関数であり，$x = g(y)$ と書ける．この関数 $x = g(y)$ が関数 $y = f(x)$ の逆関数である．なお，この関数 $x = g(y)$ を

$$x = f^{-1}(y) \quad (\alpha \leq y \leq \beta)$$

と表す．このとき，上の議論から

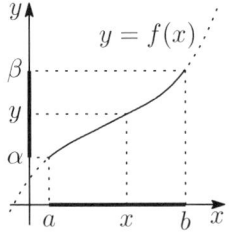

図 1.7: 単調増加な関数．

$$x = f^{-1}\bigl(f(x)\bigr)\ (a \leq x \leq b), \qquad y = f\bigl(f^{-1}(y)\bigr)\ (\alpha \leq y \leq \beta)$$

が容易に分かる．また，連続関数の逆関数は連続関数になることが知られている．なお，$f^{-1}(y)$ は $1/f(y)$ ではないことを注意しておく．

以上では，連続関数 $f(x)$ は単調増加であると仮定したが，単調増加の代わりに単調減少と仮定しても，全く同様にして逆関数の存在が分かる．また，上の議論では便宜上，関数 $f(x)$ の定義域を $[a,b]$ としたが，定義域については関数 $f(x)$ が単調である限りどのような区間であってもよい．

注意 1.3.2 上の議論において，各 $y \in [\alpha, \beta]$ に対して，式 (1.8) をみたす $x \in [a,b]$ は唯一つ存在すると述べた．これを厳密に示すためには中間値の定理 (定理 1.2.10) を用いる．なお，式 (1.8) をみたす x が唯一つであることは，関数の単調性から分かる．

例 1.3.3 関数 $y = e^x$ は $\mathbb{R}$ 上連続かつ単調増加で，値域は区間 $(0, \infty)$ である．よって上の議論により，$(0, \infty)$ 上定義された逆関数が存在する．それを，$x = \log y$ と書くのであった．図 1.8 参照．

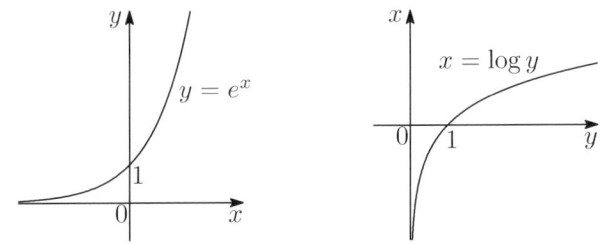

図 1.8: $y = e^x$ (左) とその逆関数 $x = \log y$ のグラフ (右)

例 1.3.4 関数 $y = x^2$ は，$\mathbb{R}$ 全体で考えると単調ではない．そこで定義域を $x \geq 0$ に制限して考える．すると $y = x^2$ $(x \geq 0)$ は単調増加で，その値域は $y \geq 0$ である．よって区間 $y \geq 0$ 上定義された逆関数が存在する．それが $x = \sqrt{y}$ である．図 1.9 参照．

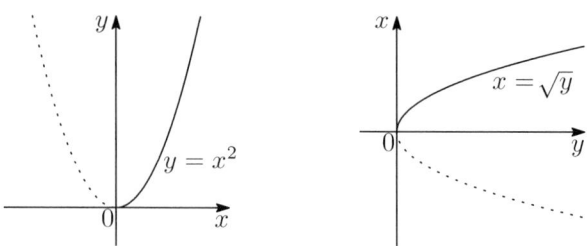

図 1.9: $y = x^2$ ($x \geq 0$) (左) とその逆関数 $x = \sqrt{y}$ のグラフ (右)

■ 逆三角関数

三角関数の逆関数について考える．三角関数は単調な関数ではないので，そのままでは逆関数を作れない．そこで，定義域を制限する必要がある．

● **sin の逆関数**　まず $\sin x$ の逆関数について考えよう．x の範囲を $-\pi/2 \leq x \leq \pi/2$ に制限した

$$y = \sin x \quad \left(-\frac{\pi}{2} \leq x \leq \frac{\pi}{2}\right) \tag{1.9}$$

は連続な単調増加関数となり，その値域は $-1 \leq y \leq 1$ である．従って，この節の初めの議論により，$-1 \leq y \leq 1$ に対して $y = \sin x$ をみたす $-\pi/2 \leq$

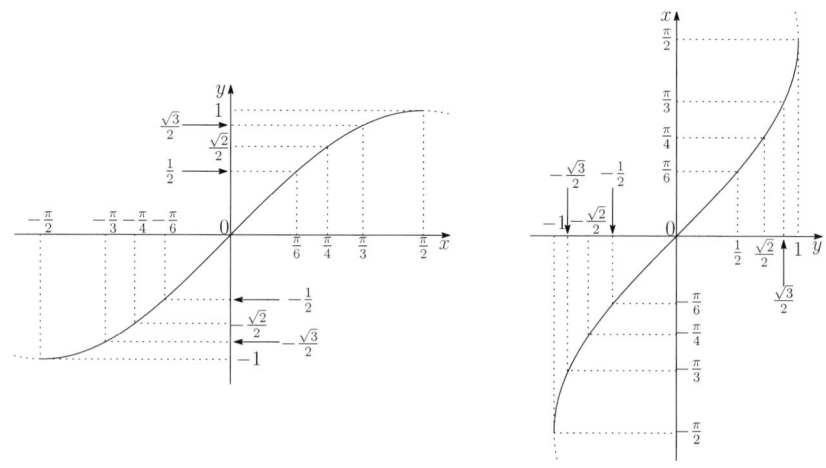

図 1.10: $y = \sin x$ (左) とその逆関数 $x = \mathrm{Arcsin}\, y$ のグラフ (右)

$x \leq \pi/2$ が唯一つ定まることが分かる．このように定まった y から x への対応が関数 (1.9) の逆関数であり，それを

$$x = \text{Arcsin}\, y \qquad (-1 \leq y \leq 1) \tag{1.10}$$

と表す．図 1.10 参照．

● **cos の逆関数** 次に，$y = \cos x$ の逆関数について考えよう．定義域を $0 \leq x \leq \pi$ に制限した

$$y = \cos x \qquad (0 \leq x \leq \pi) \tag{1.11}$$

は連続な単調減少関数となり，その値域は $-1 \leq y \leq 1$ である．従って，$-1 \leq y \leq 1$ に対して $y = \cos x$ をみたす $0 \leq x \leq \pi$ が唯一つ定まることが分かる．このように定まった y から x への対応が関数 (1.11) の逆関数であり，それを

$$x = \text{Arccos}\, y \qquad (-1 \leq y \leq 1) \tag{1.12}$$

と表す．図 1.11 参照．

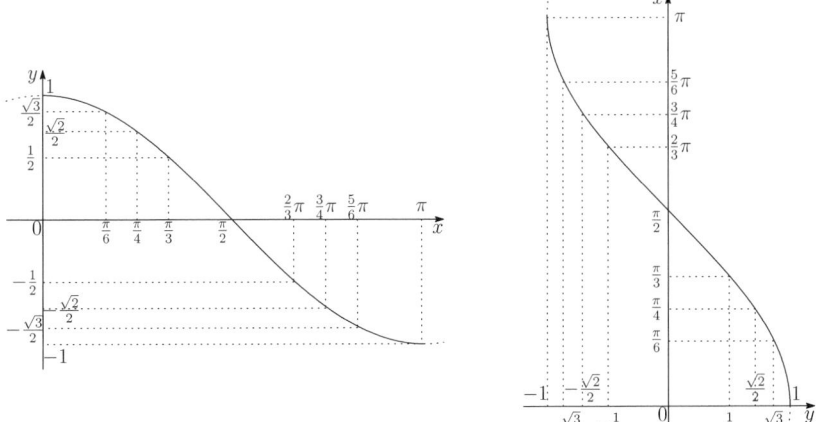

図 **1.11**: $y = \cos x$ (左) とその逆関数 $x = \text{Arccos}\, y$ のグラフ (右)

● **tan の逆関数**　最後に $\tan x$ の逆関数について考える．定義域を $-\pi/2 < x < \pi/2$ に制限した

$$y = \tan x \qquad \left(-\frac{\pi}{2} < x < \frac{\pi}{2}\right) \tag{1.13}$$

は連続な単調増加関数であり，その値域は $\mathbb{R}$ である．従って，任意の $y \in \mathbb{R}$ に対して $y = \tan x$ をみたす $-\pi/2 < x < \pi/2$ が唯一つ定まることが分かる．このように定まった y から x への対応が関数 (1.13) の逆関数であり，それを

$$x = \operatorname{Arctan} y \qquad (y \in \mathbb{R}) \tag{1.14}$$

と表す．図 1.12 参照．

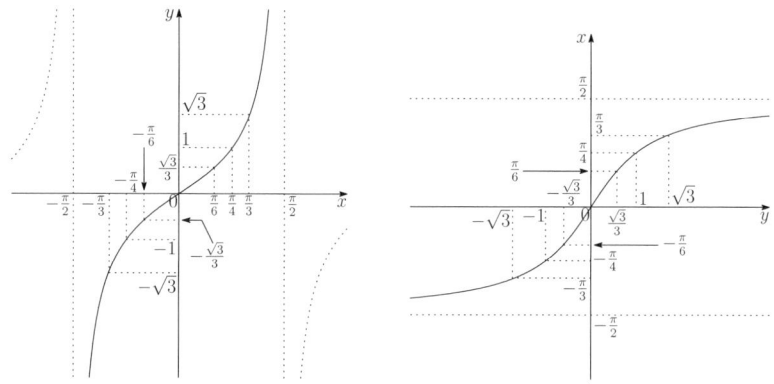

図 1.12: $y = \tan x$ (左) とその逆関数 $x = \operatorname{Arctan} y$ のグラフ (右)

なお，Arcsin, Arccos, Arctan は，それぞれ Sin^{-1}, Cos^{-1}, Tan^{-1} などと表記されることもある．

例 1.3.5　$\operatorname{Arcsin} \dfrac{1}{2}$ を求めよう．$\theta = \operatorname{Arcsin} \dfrac{1}{2}$ とおくと，$\sin \theta = \dfrac{1}{2}$ かつ $0 \leq \theta \leq \dfrac{\pi}{2}$ が成り立つ．従って，$\theta = \dfrac{\pi}{6}$ である．他の例もいくつか挙げておく．

$$\operatorname{Arcsin} \frac{\sqrt{2}}{2} = \frac{\pi}{4}, \qquad \operatorname{Arcsin} 0 = 0, \qquad \operatorname{Arcsin}(-1) = -\frac{\pi}{2}.$$

Arccos, Arctan の例も挙げておこう．

$$\operatorname{Arccos}\frac{1}{2}=\frac{\pi}{3}, \qquad \operatorname{Arccos}0=\frac{\pi}{2}, \qquad \operatorname{Arccos}(-1)=\pi,$$
$$\operatorname{Arctan}\sqrt{3}=\frac{\pi}{3}, \qquad \operatorname{Arctan}0=0, \qquad \operatorname{Arctan}(-1)=-\frac{\pi}{4}.$$

例 1.3.6 $\operatorname{Arccos}x=\operatorname{Arcsin}\dfrac{3}{5}$ をみたす x を求めよう．$\theta=\operatorname{Arccos}x=\operatorname{Arcsin}\dfrac{3}{5}$ とおく．すると $\theta=\operatorname{Arcsin}\dfrac{3}{5}$ だから，$\sin\theta=\dfrac{3}{5}$ かつ $0\leq\theta\leq\dfrac{\pi}{2}$ である．また $\theta=\operatorname{Arccos}x$ だから，$x=\cos\theta$ かつ $0\leq\theta\leq\pi$ である．これより $0\leq\theta\leq\dfrac{\pi}{2}$ なので特に $\cos\theta\geq 0$ となるから

$$x=\cos\theta=\sqrt{1-\sin^2\theta}=\sqrt{1-\left(\frac{3}{5}\right)^2}=\frac{4}{5}.$$

注意 1.3.7 逆三角関数の定義から

(i) $\sin(\operatorname{Arcsin}y)=y \quad (-1\leq y\leq 1),$

(ii) $\operatorname{Arcsin}(\sin x)=x \quad \left(-\dfrac{\pi}{2}\leq x\leq\dfrac{\pi}{2}\right)$

が成り立つ．特に(ii)の x の範囲に注意しよう．$|x|>\pi/2$ のときには(ii)は成り立たない．例えば，$x=3\pi/4$ とすると

$$\operatorname{Arcsin}\left(\sin\frac{3\pi}{4}\right)=\operatorname{Arcsin}\frac{\sqrt{2}}{2}=\frac{\pi}{4}\neq\frac{3\pi}{4}$$

となる．この種の注意は Arccos や Arctan にもいえる．各自で考察してみることを勧める．

演習問題

□ 第 1 章の問題

1. 次の数列 $\{a_n\}$ の極限を求めよ.

(1) $a_n = \dfrac{3^{n+1} + 2^{n+1}}{3^n + 2^n}$ (2) $a_n = \dfrac{1 + 2 + \cdots + n}{n^{3/2}}$

(3) $a_n = \sqrt{n+1} - \sqrt{n}$ (4) $a_n = \sqrt{n^2 + 4n} - n$

(5) $a_n = \left(1 + \dfrac{3}{n}\right)^n$ (6) $a_n = \left(1 - \dfrac{1}{n}\right)^n$

(7) $a_n = \left(\dfrac{n}{n+1}\right)^{-n}$ (8) $a_n = \left(\dfrac{n}{n+2}\right)^n$

(9) $a_n = n \sin \dfrac{\pi}{n}$ (10) $a_n = 2^n \sin \dfrac{\pi}{3^n}$

2. 数列 $\{a_n\}$ を $a_1 = \sqrt{2}$, $a_{n+1} = \sqrt{a_n + 2}$ $(n \geq 1)$ によって定める. 任意の n について $a_n < a_{n+1} < 2$ を示し, $\lim\limits_{n \to \infty} a_n$ を求めよ.

3. 数列 $\{a_n\}$ を $a_1 = 2$, $a_{n+1} = \dfrac{a_n^3 - 6}{7}$ $(n \geq 1)$ によって定める. 任意の n について $-1 < a_{n+1} < a_n$ を示し, $\lim\limits_{n \to \infty} a_n$ を求めよ.

4. 次の極限を求めよ.

(1) $\lim\limits_{x \to 0} \dfrac{\sin 3x}{\sin 2x}$ (2) $\lim\limits_{x \to 0} \dfrac{1 - \cos 2x}{2x^2}$

(3) $\lim\limits_{x \to 0} x \sin \dfrac{1}{x}$ (4) $\lim\limits_{x \to \infty} x \sin \dfrac{1}{x}$

(5) $\lim\limits_{x \to \infty} \dfrac{\log(e^{3x} - 1)}{x}$ (6) $\lim\limits_{x \to \infty} \dfrac{\log(1 + x^2)}{\log x}$

(7) $\lim\limits_{x \to 0} (1 - x)^{1/x}$ (8) $\lim\limits_{x \to \infty} \left(1 + \dfrac{1}{2x}\right)^x$

5. 次の関数の $x \to \infty$ と $x \to -\infty$ での極限を求めよ．

(1) $\operatorname{Arctan} x$ 　 (2) $\dfrac{e^x - e^{-x}}{e^x + e^{-x}}$ 　 (3) $(5^x + 4^x)^{1/x}$

(4) $\sqrt{x^2 + 5x + 2} - \sqrt{x^2 + 2x + 2}$

6. 次の値を求めよ．

(1) $\operatorname{Arcsin}\left(-\dfrac{1}{2}\right)$ 　 (2) $\operatorname{Arccos}\left(-\dfrac{\sqrt{2}}{2}\right)$ 　 (3) $\operatorname{Arctan}\sqrt{3}$

(4) $\operatorname{Arccos}\left(\sin\dfrac{\pi}{6}\right)$ 　 (5) $\cos\left(\operatorname{Arcsin}\dfrac{\sqrt{2}}{2}\right)$ 　 (6) $\operatorname{Arctan}\left(\tan\dfrac{5\pi}{4}\right)$

7. 次の方程式を解け．

(1) $\operatorname{Arcsin} x = \operatorname{Arccos}\dfrac{2}{3}$ 　 (2) $\operatorname{Arcsin} x = \operatorname{Arcsin}\dfrac{1}{4} + \operatorname{Arccos}\dfrac{7}{8}$

(3) $\operatorname{Arctan} x = \operatorname{Arcsin}\dfrac{1}{3}$ 　 (4) $\operatorname{Arctan} x = \operatorname{Arctan}\dfrac{1}{2} + \operatorname{Arctan}\dfrac{1}{3}$

8. 次で定義される関数を**双曲線関数**という．

$$\cosh x = \frac{e^x + e^{-x}}{2}, \qquad \sinh x = \frac{e^x - e^{-x}}{2},$$

$$\tanh x = \frac{\sinh x}{\cosh x} = \frac{e^x - e^{-x}}{e^x + e^{-x}}.$$

(ハイパボリックコサイン, ... と読む) 以下の問いに答えよ．

(1) $\cosh x$ は偶関数，$\sinh x$ と $\tanh x$ は奇関数であることを示せ．

(2) $\cosh^2 x - \sinh^2 x = 1$, $1 - \tanh^2 x = \dfrac{1}{\cosh^2 x}$ を示せ．

(3) $\cosh 2x = 2\cosh^2 x - 1$, $\sinh 2x = 2\sinh x \cosh x$ を示せ．

(4) $y = \cosh x \ (x \geq 0)$, $y = \sinh x$, $y = \tanh x \ (x \in \mathbb{R})$ の逆関数を求めよ．

第2章 一変数の微分

2.1 関数の微分

■ 微分の定義

 与えられた関数のグラフの概形を知るための方法の一つは，関数の増減について調べることである．その際に有用なのが微分である．

 関数 $y = f(x)$ が点 $x = a$ の近くで定義されていて，

$$\lim_{x \to a} \frac{f(x) - f(a)}{x - a} \tag{2.1}$$

が収束するとき，「$f(x)$ は点 $x = a$ で**微分可能**である」という．そして，この値 (2.1) を $f'(a)$ と表し，点 $x = a$ における $f(x)$ の**微分係数**と呼ぶ．式 (2.1) は $x = a + h$ または $x = a + \Delta x$ として

$$f'(a) = \lim_{h \to 0} \frac{f(a+h) - f(a)}{h}, \quad f'(a) = \lim_{\Delta x \to 0} \frac{f(a + \Delta x) - f(a)}{\Delta x}$$

と表すことも多い．また，関数 $y = f(x)$ が区間 I 上のどの点でも微分可能なとき，「$f(x)$ は区間 I で微分可能である」という．なお，式 (2.1) にある

$$\frac{f(x) - f(a)}{x - a}$$

は，曲線 $y = f(x)$ 上の 2 点 $(a, f(a))$ と $(x, f(x))$ を結ぶ直線 ℓ の傾きを意味する (図 2.1 参照)．そして，これを $x \to a$ としたときの極限が，曲線 $y = f(x)$ の点 $(a, f(a))$ における接線の傾きとなる (図 2.2 参照)．

 各点 x での微分係数 $f'(x)$ が求まると，この $f'(x)$ も x の関数と見なせる．

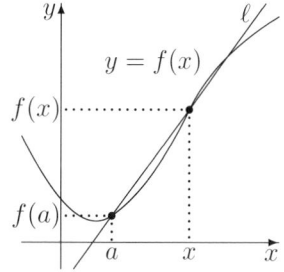

図 2.1: ℓ の傾きが $\dfrac{f(x)-f(a)}{x-a}$.

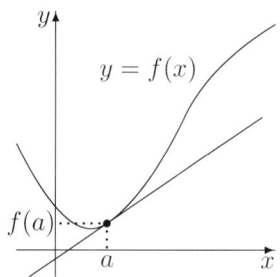

図 2.2: $(a, f(a))$ における接線の傾きが $f'(a) = \lim\limits_{x \to a} \dfrac{f(x)-f(a)}{x-a}$.

この関数 $f'(x)$ を $f(x)$ の**導関数**と呼び，導関数を求めることを「**微分**する」という．関数 $y = f(x)$ の導関数は，

$$y', \ \frac{dy}{dx}, \ f'(x), \ \frac{df}{dx}(x), \ \frac{d}{dx}f(x)$$

などと表される．例えば，

$$(x^n)' = nx^{n-1}, \quad (\sin x)' = \cos x, \quad (\cos x)' = -\sin x,$$
$$(e^x)' = e^x, \quad (\log x)' = \frac{1}{x}$$

などは，この定義と例 1.2.5・例 1.2.7 などによって直接求められる．なお，微分可能な関数は連続である．即ち，次の定理が成り立つ．

定理 2.1.1 関数 $f(x)$ が $x = a$ で微分可能ならば，関数 $f(x)$ は $x = a$ で連続である．

【証明】$g(x) = \dfrac{f(x)-f(a)}{x-a} - f'(a)$ とおくと $g(x) \to 0 \ (x \to a)$ だから，

$$f(x) = (g(x) + f'(a))(x-a) + f(a) \to f(a) \quad (x \to a)$$

が成り立つ．よって関数 $f(x)$ は点 $x = a$ で連続である． ∎

■ 様々な関数の微分

様々な関数を実際に微分するための手法について述べていく．まず，微分可

能な関数に関し，次の定理が成り立つ．

定理 2.1.2 関数 $f(x), g(x)$ が区間 I で微分可能のとき，次が成り立つ．
(i) $\bigl(c_1 f(x) + c_2 g(x)\bigr)' = c_1 f'(x) + c_2 g'(x)$ （ただし，c_1, c_2 は定数），
(ii) $\bigl(f(x)g(x)\bigr)' = f'(x)g(x) + f(x)g'(x)$,
(iii) $\left(\dfrac{f(x)}{g(x)}\right)' = \dfrac{f'(x)g(x) - f(x)g'(x)}{\{g(x)\}^2}$. （ただし，$I$ 上 $g(x) \neq 0$ のとき）

【証明】 (i)は極限の性質からすぐ分かる．また，(ii)は

$$\frac{f(x+h)g(x+h) - f(x)g(x)}{h}$$
$$= \frac{f(x+h) - f(x)}{h} \cdot g(x+h) + f(x) \cdot \frac{g(x+h) - g(x)}{h}$$
$$\to f'(x)g(x) + f(x)g'(x) \quad (h \to 0)$$

から分かる．なお，極限をとる際に $g(x+h) \to g(x)$ $(h \to 0)$ であることを使ったが，これは関数 $g(x)$ は微分可能なので特に連続であること (つまり定理 2.1.1) から分かる．(iii)も同様にして証明できる． ∎

例えば $\tan x = \dfrac{\sin x}{\cos x}$, $x^{-n} = \dfrac{1}{x^n}$ （n は自然数）だから，定理 2.1.2 (iii)により

$$(\tan x)' = \frac{1}{\cos^2 x}, \quad (x^{-n})' = -nx^{-n-1}.$$

■ 合成関数の微分

二つの微分可能な関数 f, g の合成関数 $g\bigl(f(x)\bigr)$ の微分は次で与えられる．

定理 2.1.3 関数 $y = f(x)$, $z = g(y)$ は共に微分可能であるとする．このとき，その合成関数 $z = g\bigl(f(x)\bigr)$ も微分可能で，次が成り立つ．

$$\frac{dz}{dx} = \frac{dz}{dy}\frac{dy}{dx}, \quad \text{即ち,} \quad \frac{d}{dx}g\bigl(f(x)\bigr) = g'\bigl(f(x)\bigr)f'(x). \tag{2.2}$$

注意 2.1.4 定理 2.1.3 中の (2.2) で挙げた二つの式は，全く同じ内容の式である．実際，第 1 式左辺の dz/dx は z を x の関数と見たときの微分だから

$$\frac{dz}{dx} = \frac{d}{dx}g(f(x))$$

である．同様に，第 1 式右辺の dz/dy, dy/dx はそれぞれ z を y の関数と見たとき，y を x の関数と見たときの微分だから

$$\frac{dz}{dy} = \frac{dg}{dy}(y) = g'(y), \qquad \frac{dy}{dx} = \frac{df}{dx}(x) = f'(x)$$

である．なお，式 (2.2) 第 2 式の左辺に現れる $\frac{d}{dx}g(f(x))$ は，関数 $g(y)$ に $y = f(x)$ を代入した関数 $g(f(x))$ を x で微分したものである．一方，式 (2.2) 第 2 式の右辺に現れる $g'(f(x))$ は，まず関数 $g(y)$ の y に関する導関数 $g'(y)$ を求めてから，$y = f(x)$ を代入したものである．

【定理 2.1.3 の証明】 $y = f(x)$ とおく．x の増分 Δx に対し

$$\Delta y = f(x + \Delta x) - f(x), \quad \Delta z = g(y + \Delta y) - g(y)$$

とする．すると，$\Delta z = g(f(x + \Delta x)) - g(f(x))$ であり，また

$$\frac{dy}{dx} = \lim_{\Delta x \to 0} \frac{\Delta y}{\Delta x}, \quad \frac{dz}{dy} = \lim_{\Delta y \to 0} \frac{\Delta z}{\Delta y}.$$

また f は微分可能だから，定理 2.1.1 により f は連続である．つまり，$\Delta x \to 0$ のとき $\Delta y = f(x + \Delta x) - f(x) \to 0$ となる．よって，

$$\frac{dz}{dx} = \lim_{\Delta x \to 0} \frac{\Delta z}{\Delta x} = \lim_{\Delta x \to 0} \frac{\Delta z}{\Delta y}\frac{\Delta y}{\Delta x} = \lim_{\Delta x \to 0} \frac{\Delta z}{\Delta y} \lim_{\Delta x \to 0} \frac{\Delta y}{\Delta x}$$
$$= \lim_{\Delta y \to 0} \frac{\Delta z}{\Delta y} \lim_{\Delta x \to 0} \frac{\Delta y}{\Delta x} = \frac{dz}{dy} \cdot \frac{dy}{dx}$$

が成り立つ． ∎

例 2.1.5 関数 $\sin(x^2 + 1)$ の導関数を求めよう．まず，$y = x^2 + 1$, $z = \sin y$ とおく．すると $z = \sin y = \sin(x^2 + 1)$．また，$dz/dy = \cos y$, $dy/dx = 2x$．よって式 (2.2) により，

$$\frac{d}{dx}\sin(x^2 + 1) = \frac{dz}{dx} = \frac{dz}{dy}\frac{dy}{dx} = (\cos y) \cdot 2x = 2x\cos(x^2 + 1).$$

例 2.1.6 $x < 0$ で定義された関数 $\log(-x)$ の微分について考えよう．$y = -x$, $z = \log y$ とおく．すると $z = \log(-x)$ である．また，$y > 0$ だから，$dz/dy = 1/y$ が成り立つ．よって合成関数の微分 (2.2) により

$$\frac{d}{dx}\log(-x) = \frac{dz}{dx} = \frac{dz}{dy}\frac{dy}{dx} = \frac{1}{y} \cdot (-1) = \frac{1}{x} \quad (x < 0)$$

が成り立つ．これと $\frac{d}{dx}\log x = \frac{1}{x}$ $(x > 0)$ をまとめて表すと

$$\frac{d}{dx}\log|x| = \frac{1}{x} \quad (x \neq 0).$$

■ **対数微分法**

関数 $f(x)$ は微分可能で，$f(x) \neq 0$ をみたすとする．このとき，上の例 2.1.6 と合成関数の微分 (2.2) により，関数 $\log|f(x)|$ の導関数が求められる．実際，$y = f(x)$, $z = \log|y|$ とおくと，例 2.1.6 より $dz/dy = 1/y$ だから，合成関数の微分 (2.2) より

$$\frac{d}{dx}\log|f(x)| = \frac{dz}{dx} = \frac{dz}{dy}\frac{dy}{dx} = \frac{y'}{y} = \frac{f'(x)}{f(x)}. \tag{2.3}$$

例えば，$\cos x \neq 0$ となる点 x (即ち $x \neq \left(n + \frac{1}{2}\right)\pi$, n は整数) で，

$$\frac{d}{dx}\log|\cos x| = \frac{(\cos x)'}{\cos x} = \frac{-\sin x}{\cos x} = -\tan x. \tag{2.4}$$

例 2.1.7 a を実数とする．関数 $y = x^a$ $(x > 0)$ の導関数について考えよう．a は整数とは限らないので，定義に従って導関数を計算するのは難しい．そこで両辺の対数をとる．すると $\log y = a \log x$ となる．そしてこの両辺を x で微分すると，左辺は式 (2.3) より

$$\frac{d}{dx}\log y = \frac{y'}{y}. \tag{2.5}$$

一方，右辺の微分は $\frac{d}{dx}(a \log x) = \frac{a}{x}$. よって，

$$\frac{y'}{y} = \frac{a}{x}, \quad 即ち \quad y' = \frac{a}{x} \cdot y = \frac{a}{x} \cdot x^a = ax^{a-1} \tag{2.6}$$

が成り立つ．これは a が整数のときと同じ形の式である．このように，与え

られた関数 $y = f(x)$ の対数 $\log y$ を微分することで導関数 $y' = f'(x)$ を求める方法を，**対数微分法**と呼ぶ．

例 2.1.8 式 (2.3) を用いて，関数 $y = x^x$ $(x > 0)$ の導関数を対数微分法で求めよう．両辺対数をとると $\log y = x \log x$ となる．ここで両辺を x で微分すると，左辺，右辺はそれぞれ

$$\frac{d}{dx} \log y = \frac{y'}{y}, \quad \frac{d}{dx}(x \log x) = 1 \cdot \log x + x \cdot \frac{1}{x} = \log x + 1.$$

よって $y'/y = \log x + 1$，即ち $y' = (\log x + 1)y = (\log x + 1)x^x$ となる．

■ 逆関数の微分

逆関数の微分について考えよう．微分可能な関数 $y = f(x)$ の逆関数 $x = f^{-1}(y)$ が存在するとき，逆関数 f^{-1} の微分は次の定理で与えられる．

定理 2.1.9 区間 I 上で定義された微分可能な関数 $y = f(x)$ が逆関数 $x = f^{-1}(y)$ を持つとする．このとき，もし I 上 $dy/dx \neq 0$ (即ち $f'(x) \neq 0$) ならば，

$$\frac{dx}{dy} = \frac{1}{\frac{dy}{dx}}, \quad 即ち, \quad \frac{d}{dy} f^{-1}(y) = \frac{1}{f'(f^{-1}(y))}. \tag{2.7}$$

注意 2.1.10 注意 2.1.4 と同様に，式 (2.7) の 2 式は全く同じ内容を表している．なぜなら，関数 $y = f(x)$ の導関数 $f'(x)$ は dy/dx とも表せ，また，逆関数 $x = f^{-1}(y)$ の導関数は dx/dy とも表せるからである．

【**定理 2.1.9 の証明**】点 y を一つ固定し，$x = f^{-1}(y)$ とおく．そして y の増分 Δy に対する x の増分を Δx とおく．すると

$$\Delta x = f^{-1}(y + \Delta y) - f^{-1}(y), \quad 即ち, \quad \Delta y = f(x + \Delta x) - f(x).$$

関数 $y = f(x)$ が連続だから，その逆関数 $x = f^{-1}(y)$ も連続である．よって，$\Delta y \to 0$ のとき，$\Delta x \to 0$ が成り立つ．そして仮定より $\lim_{\Delta x \to 0}(\Delta y/\Delta x) = dy/dx \neq 0$ だから，

$$\frac{dx}{dy} = \lim_{\Delta y \to 0} \frac{\Delta x}{\Delta y} = \lim_{\Delta x \to 0} \frac{1}{\frac{\Delta y}{\Delta x}} = \frac{1}{\frac{dy}{dx}}$$

が成り立つ. ∎

■ 逆三角関数の微分

第 1.3 節で逆三角関数 Arcsin, Arccos, Arctan を定義した. ここでは, これら逆三角関数の導関数が

$$\frac{d}{dx} \text{Arcsin}\, x = \frac{1}{\sqrt{1-x^2}} \qquad (-1 < x < 1), \tag{2.8}$$

$$\frac{d}{dx} \text{Arccos}\, x = -\frac{1}{\sqrt{1-x^2}} \qquad (-1 < x < 1), \tag{2.9}$$

$$\frac{d}{dx} \text{Arctan}\, x = \frac{1}{1+x^2} \qquad (x \in \mathbb{R}) \tag{2.10}$$

となることを, 定理 2.1.9 により証明しよう.

最初に, $y = \sin x \ (-\pi/2 \leq x \leq \pi/2)$ の逆関数 $x = \text{Arcsin}\, y \ (-1 \leq y \leq 1)$ の微分について考えよう. x の範囲から $\cos x \geq 0$ であることに注意すると,

$$\frac{dy}{dx} = \cos x = \sqrt{1 - \sin^2 x} = \sqrt{1 - y^2}$$

が分かる. dy/dx が 0 となるのは $y = \pm 1$ のときだから, 定理 2.1.9 により, この 2 点を除いた区間 $-1 < y < 1$ で $x = \text{Arcsin}\, y$ は微分可能で,

$$\frac{d}{dy} \text{Arcsin}\, y = \frac{dx}{dy} = \frac{1}{\frac{dy}{dx}} = \frac{1}{\sqrt{1-y^2}} \qquad (-1 < y < 1).$$

次に, $y = \cos x \ (0 \leq x \leq \pi)$ の逆関数 $x = \text{Arccos}\, y \ (-1 \leq y \leq 1)$ の微分について考えよう. x の範囲から $\sin x \geq 0$ であることに注意すると,

$$\frac{dy}{dx} = -\sin x = -\sqrt{1 - \cos^2 x} = -\sqrt{1 - y^2}$$

が分かる. dy/dx が 0 となるのは $y = \pm 1$ のときだから, 定理 2.1.9 により, この 2 点を除いた区間 $-1 < y < 1$ で $x = \text{Arccos}\, y$ は微分可能で,

$$\frac{d}{dy}\operatorname{Arccos} y = \frac{dx}{dy} = \frac{1}{\frac{dy}{dx}} = -\frac{1}{\sqrt{1-y^2}} \qquad (-1 < y < 1).$$

最後に，$y = \tan x \ (-\pi/2 < x < \pi/2)$ の逆関数 $x = \operatorname{Arctan} y \ (y \in \mathbb{R})$ の微分を求めよう．このとき，

$$\frac{dy}{dx} = \frac{1}{\cos^2 x} = 1 + \tan^2 x = 1 + y^2$$

であり，これは 0 にはならない．よって，定理 2.1.9 により $x = \operatorname{Arctan} y$ はすべての y で微分可能で，

$$\frac{d}{dy}\operatorname{Arctan} y = \frac{dx}{dy} = \frac{1}{\frac{dy}{dx}} = \frac{1}{1+y^2} \qquad (y \in \mathbb{R}).$$

式 (2.8)—(2.10) と合成関数の微分 (定理 2.1.3) を使えば，逆三角関数を含む関数が微分できる．例えば $a > 0$ に対し，

$$\frac{d}{dx}\operatorname{Arcsin}\frac{x}{a} = \frac{1}{\sqrt{1-(x/a)^2}} \cdot \frac{1}{a} = \frac{1}{\sqrt{a^2-x^2}},$$

$$\frac{d}{dx}\operatorname{Arctan}\frac{x}{a} = \frac{1}{1+(x/a)^2} \cdot \frac{1}{a} = \frac{a}{a^2+x^2},$$

$$\frac{d}{dx}\operatorname{Arcsin}\sqrt{x} = \frac{1}{\sqrt{1-(\sqrt{x})^2}} \cdot \frac{1}{2\sqrt{x}} = \frac{1}{2\sqrt{x(1-x)}}.$$

基本的な関数の導関数一覧

$\dfrac{d}{dx}x^a = ax^{a-1} \ (a \in \mathbb{R})$ （例 2.1.7）

$\dfrac{d}{dx}e^x = e^x$

$\dfrac{d}{dx}\sin x = \cos x$

$\dfrac{d}{dx}\cos x = -\sin x$

$\dfrac{d}{dx}\tan x = \dfrac{1}{\cos^2 x}$

$\dfrac{d}{dx}\log |x| = \dfrac{1}{x}$ （例 2.1.6）

$\dfrac{d}{dx}\mathrm{Arcsin}\, x = \dfrac{1}{\sqrt{1-x^2}}$ （式 (2.8)）

$\dfrac{d}{dx}\mathrm{Arccos}\, x = -\dfrac{1}{\sqrt{1-x^2}}$ （式 (2.9)）

$\dfrac{d}{dx}\mathrm{Arctan}\, x = \dfrac{1}{1+x^2}$ （式 (2.10)）

$\dfrac{d}{dx}\bigl(c_1 f(x) + c_2 g(x)\bigr) = c_1 f'(x) + c_2 g'(x)$ （定理 2.1.2 (i)）

$\dfrac{d}{dx}\bigl(f(x)g(x)\bigr) = f'(x)g(x) + f(x)g'(x)$ （定理 2.1.2 (ii)）

$\dfrac{d}{dx}\left(\dfrac{f(x)}{g(x)}\right) = \dfrac{f'(x)g(x) - f(x)g'(x)}{\{g(x)\}^2}$ （定理 2.1.2 (iii)）

$\dfrac{d}{dx}g\bigl(f(x)\bigr) = g'\bigl(f(x)\bigr)f'(x)$ （定理 2.1.3）

$\dfrac{d}{dx}f^{-1}(x) = \dfrac{1}{f'\bigl(f^{-1}(x)\bigr)}$ （定理 2.1.9）

$\dfrac{d}{dx}\log |f(x)| = \dfrac{f'(x)}{f(x)}$ （式 (2.3)）

2.2 平均値の定理

■ 極値

連続関数 $f(x)$ の増減について考える．一般に，関数 $f(x)$ がある点 $x = c$ を含む開区間で定義されていて，

$$\text{点 } c \text{ の十分近くの } x \neq c \text{ に対して} \quad f(x) < f(c)$$

が成り立つとき，「$f(x)$ は点 $x = c$ で**極大**になる」といい，$f(c)$ を**極大値**と呼ぶ．同様に，関数 $f(x)$ がある点 $x = c$ を含む開区間で定義されていて，

$$\text{点 } c \text{ の十分近くの } x \neq c \text{ に対して} \quad f(x) > f(c)$$

が成り立つとき，「$f(x)$ は点 $x = c$ で**極小**になる」といい，$f(c)$ を**極小値**と呼ぶ．また，極大値と極小値をまとめて**極値**と呼ぶ．例えば，区間 $[a,b]$ 上で定義された関数 $y = f(x)$ のグラフが図 2.3 のようであるならば，関数 $f(x)$ は点 $x = c_1, c_3$ で極大になり，点 $x = c_2$ で極小になる (それぞれグラフの太線の部分に注目すればよい)．なお，区間 $[a,b]$ 上定義された関数の端点における極大・極小は考えないので，図 2.3 の $y = f(x)$ に対しても点 $x = a, b$ で極小になるとはいわない．

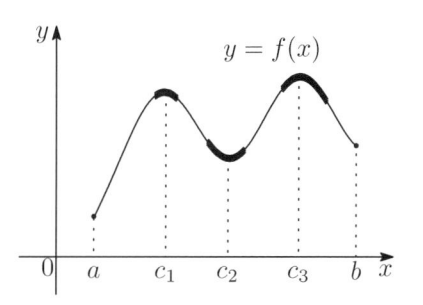

図 2.3: 極大値と極小値．

関数が微分可能なときには，次の定理が成り立つ．なお，最大値・最小値については定義 1.2.11 参照．

定理 2.2.1 関数 $f(x)$ は開区間 (a,b) で連続で，かつ点 $x = c$ $(a < c < b)$ で微分可能とする．このとき，次が成り立つ．

(i) $f(x)$ が点 $x = c$ で最大値 (または最小値) をとるならば，$f'(c) = 0$.

(ii) $f(x)$ が点 $x = c$ で極値をとるならば，$f'(c) = 0$.

【証明】(i) $f(x)$ が点 $x = c$ で最大値をとるとする．すると $|h|$ が十分小さければ $c + h \in (a,b)$ だから，$f(c+h) \leq f(c)$ が成り立つ．よって

$$h > 0 \text{ ならば } \frac{f(c+h) - f(c)}{h} \leq 0, \text{ 故に } h \to +0 \text{ として } f'(c) \leq 0,$$
$$h < 0 \text{ ならば } \frac{f(c+h) - f(c)}{h} \geq 0, \text{ 故に } h \to -0 \text{ として } f'(c) \geq 0$$

が成り立つ．従って $f'(c) = 0$ である．最小値のときも同様である．

(ii) $f(x)$ が点 $x = c$ で極大値をとるとする．すると，関数 $f(x)$ は点 $x = c$ の近く，即ち点 $x = c$ を含むある開区間上では点 $x = c$ で最大値をとる．よって (i) により $f'(c) = 0$ が成り立つ．極小値のときも同様である． ∎

注意 2.2.2 定理 2.2.1 の逆は成り立つとは限らない．即ち，$f'(c) = 0$ であるからといって，関数 $f(x)$ が点 $x = c$ で極値をとるとは限らない．例えば，$f(x) = x^3$ とすると，$f'(x) = 3x^2$ だから，$f'(0) = 0$. しかしこの $f(x)$ は $x = 0$ で極値をとらない．何故なら，$x > 0$ では $f(x) > 0 = f(0)$, $x < 0$ では $f(x) < 0 = f(0)$ だからである．図 2.4 参照．

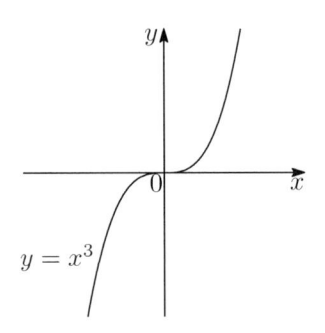

図 2.4: $y = x^3$ のグラフ．

■ 平均値の定理

関数のグラフを調べるための増減表や，次節で学ぶテーラーの定理などの基礎を成すのが，次に述べる平均値の定理である．

定理 2.2.3　平均値の定理　関数 $f(x)$ は閉区間 $[a,b]$ で連続，開区間 (a,b) で微分可能とする．このとき，

$$\frac{f(b)-f(a)}{b-a} = f'(c) \tag{2.11}$$

をみたす実数 $c \in (a,b)$ が存在する．

　特に関数 $f(x)$ が区間 I で微分可能のときは，この定理から，任意の $a,b \in I$ $(a \neq b)$ に対して式 (2.11) をみたすような c が，a と b の間に存在することが分かる．これは a と b との大小関係によらない．また，式 (2.11) は

$$f(b)-f(a) = f'(c)(b-a)$$

と変形して使われることも多い．そして，式 (2.11) 左辺の

$$\frac{f(b)-f(a)}{b-a} \tag{2.12}$$

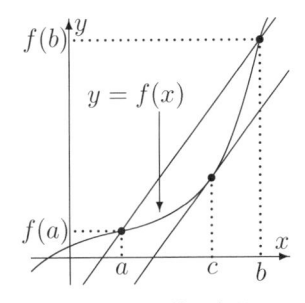

図 2.5: 平均値の定理．

は，曲線 $y = f(x)$ 上の 2 点 $(a, f(a))$ と $(b, f(b))$ を結ぶ直線の傾きである．例えば関数 $y = f(x)$ のグラフが図 2.5 のようなとき，点 $x = c$ における $y = f(x)$ の接線の傾き $f'(c)$ が (2.12) に一致する．このような c の存在を保証しているのが平均値の定理である．

　平均値の定理で，特に $f(b) = f(a)$ のときのものを**ロルの定理**と呼ぶ．よってロルの定理は平均値の定理の特別な場合である．しかし，実はロルの定理から平均値の定理が証明できる．以下，まずロルの定理について述べ，その後ロルの定理を用いて平均値の定理を証明しよう．

定理 2.2.4　ロルの定理　関数 $f(x)$ は閉区間 $[a,b]$ で連続，開区間 (a,b) で微分可能とする．このとき，$f(a) = f(b)$ ならば $f'(c) = 0$ をみたす実数 $c \in (a,b)$ が存在する．

【証明】 関数 $f(x)$ が定数関数，即ちすべての $a \leq x \leq b$ に対し $f(x) = C$ (C は定数) ならば，$f'(x) = 0$ $(a < x < b)$ だから定理は明らかに成り立つ．そ

こで以下，$f(x)$ は定数関数でないとする．関数 $f(x)$ は閉区間 $[a,b]$ 上連続だから，定理 1.2.12 により

$$\text{最大値 } M = f(c_1), \quad \text{最小値 } m = f(c_2) \quad (c_1, c_2 \in [a,b])$$

が存在する．関数 $f(x)$ は定数関数ではないので，$M > f(a)$ または $m < f(a)$ が成り立つ．

今，$M > f(a)$ としよう．するとこれと仮定 $f(a) = f(b)$ から $c_1 \neq a, b$ が分かる．よって $a < c_1 < b$．故に定理 2.2.1 より $f'(c_1) = 0$ が成り立つ．

$m < f(a)$ の場合も同様である． ∎

【平均値の定理 (定理 2.2.3) の証明】 関数 $F(x)$ を，

$$F(x) = f(x) - \frac{f(b) - f(a)}{b - a}(x - a)$$

で定義する．すると $F(x)$ は $[a,b]$ 上連続，(a,b) 上微分可能である．そして $F(a) = F(b)$ が容易に分かる．よってロルの定理により，$F'(c) = 0$ をみたす $a < c < b$ が存在する．ここで

$$F'(x) = f'(x) - \frac{f(b) - f(a)}{b - a}$$

だから，式 (2.11) が分かる． ∎

次の定理は，導関数 $f'(x)$ の情報から元の関数 $f(x)$ の情報を得るための最も基本的な定理であり，平均値の定理を使うことで証明できる．

定理 2.2.5 関数 $f(x)$ は区間 I で微分可能とする．このとき，すべての $x \in I$ に対して $f'(x) = 0$ ならば，関数 $f(x)$ は I 上 $f(x) = C$ (C は定数) と書ける．

【証明】 $a \in I$ を一つ固定する．任意の $x \in I$ に対して $f(x) = f(a)$ が成り立つことを示せばよい．$x = a$ ならば明らかに $f(x) = f(a)$ だから，以下 $x \neq a$ とする．関数 $f(x)$ は区間 I 上微分可能だから，平均値の定理により

$$f(x) - f(a) = f'(c)(x - a)$$

をみたす c が a と x の間に存在する．ここで仮定より $f'(c) = 0$ だから，$f(x) = f(a)$ を得る． ∎

以下の定理も定理 2.2.5 の証明と同様にして示せる．グラフの概形を描く際によく使う関数の増減表は，この定理が基になっている．

定理 2.2.6　区間 I 上微分可能な関数 $f(x)$ に対し，次が成り立つ．
 (i) すべての $x \in I$ に対して $f'(x) > 0$ ならば，関数 $f(x)$ は I 上単調増加．
 (ii) すべての $x \in I$ に対して $f'(x) < 0$ ならば，関数 $f(x)$ は I 上単調減少．

2.3 高次導関数

関数 $f(x)$ の導関数 $f'(x)$ がさらに微分できるとき，$f'(x)$ の導関数を $f''(x)$ または $f^{(2)}(x)$ などと表す．同様に，関数 $y = f(x)$ が n 回続けて微分できるとき，**n 回微分可能**であるという．また，$y = f(x)$ を n 回微分した関数を $f(x)$ の **n 次導関数**と呼び，

$$y^{(n)}, \quad \frac{d^n y}{dx^n}, \quad f^{(n)}(x), \quad \frac{d^n f}{dx^n}(x), \quad \frac{d^n}{dx^n} f(x)$$

などと表す．なお，関数 $f(x)$ 自身を $f^{(0)}(x)$ とも表す．関数 $f(x)$ が何回でも微分できるとき，「関数 $f(x)$ は**無限回微分可能である**」という．本書では以後，関数としては主に無限回微分可能なものを扱う．

例 2.3.1　$f(x) = x^3 + 4x^2 + 2x + 1$ のとき，
$$f'(x) = 3x^2 + 8x + 2, \quad f''(x) = 6x + 8, \quad f^{(3)}(x) = 6$$
であり，$n \geq 4$ に対しては $f^{(n)}(x) = 0$ となる．

例 2.3.2　$\dfrac{d^n}{dx^n} e^x = e^x \ (n = 0, 1, 2, \ldots)$．

例 2.3.3　$f(x) = \sin x$ のとき，

$$f'(x) = \cos x, \qquad f''(x) = -\sin x, \qquad f^{(3)}(x) = -\cos x,$$
$$f^{(4)}(x) = \sin x, \qquad f^{(5)}(x) = \cos x, \qquad \cdots$$

が成り立つ．これは一般に

$$\frac{d^n}{dx^n} \sin x = \sin\left(x + \frac{n\pi}{2}\right) \quad (n = 0, 1, 2, \ldots) \tag{2.13}$$

と書けることが帰納法により分かる．同様に，

$$\frac{d^n}{dx^n} \cos x = \cos\left(x + \frac{n\pi}{2}\right) \quad (n = 0, 1, 2, \ldots) \tag{2.14}$$

が成り立つ．

例 2.3.4 α を実数とし，$f(x) = (1+x)^\alpha$ とおく．このとき，

$$f^{(n)}(x) = \underbrace{\alpha(\alpha-1)(\alpha-2)\cdots(\alpha-n+1)}_{n \text{ 個}}(1+x)^{\alpha-n}$$

が成り立つ．特に $\alpha = -1$ のとき，即ち関数 $\dfrac{1}{1+x}$ の高次導関数は

$$\frac{d^n}{dx^n}\left(\frac{1}{1+x}\right) = (-1)(-2)(-3)\cdots(-n)(1+x)^{-1-n}$$
$$= \frac{(-1)^n n!}{(1+x)^{1+n}}. \tag{2.15}$$

例 2.3.5 $\dfrac{d}{dx}\log(1+x) = \dfrac{1}{1+x}$ だから，式 (2.15) を使うと $n = 1, 2, \ldots$ に対して

$$\frac{d^n}{dx^n}\log(1+x) = \frac{d^{n-1}}{dx^{n-1}}\left(\frac{1}{1+x}\right) = \frac{(-1)^{n-1}(n-1)!}{(1+x)^n} \tag{2.16}$$

が分かる．

■ ライプニッツの公式

二つの関数の積で表される関数の n 次導関数は，次のライプニッツの公式で求められる．

定理 2.3.6 ライプニッツの公式　関数 $f(x)$, $g(x)$ がともに n 回微分可能ならば，その積 $f(x)g(x)$ も n 回微分可能で，

$$\frac{d^n}{dx^n}(f(x)g(x)) = \sum_{k=0}^{n} {}_n\mathrm{C}_k f^{(k)}(x) g^{(n-k)}(x).$$

【証明】n についての帰納法で証明する．$n=1$ の場合は積の微分の公式 (定理 2.1.2 (ii)) なので成り立つ．そこで，$n=m$ の場合にこの定理が成り立つと仮定し，$n=m+1$ の場合にも成り立つことを示そう．$n=m$ の場合に成り立つと仮定したから，

$$\frac{d^m}{dx^m}(f(x)g(x)) = \sum_{k=0}^{m} {}_m\mathrm{C}_k f^{(k)}(x) g^{(m-k)}(x)$$

が成り立つ．この式の両辺を微分して右辺を計算すると，

$$\frac{d^{m+1}}{dx^{m+1}}(f(x)g(x)) = \sum_{k=0}^{m} {}_m\mathrm{C}_k \frac{d}{dx}\left(f^{(k)}(x) g^{(m-k)}(x)\right)$$
$$= \sum_{k=0}^{m} {}_m\mathrm{C}_k f^{(k)}(x) g^{(m+1-k)}(x) + \sum_{k=0}^{m} {}_m\mathrm{C}_k f^{(k+1)}(x) g^{(m-k)}(x).$$

ここで最後の式の第 2 項を $j=k+1$ でおきかえると，上の式は

$$\sum_{k=0}^{m} {}_m\mathrm{C}_k f^{(k)}(x) g^{(m+1-k)}(x) + \sum_{j=1}^{m+1} {}_m\mathrm{C}_{j-1} f^{(j)}(x) g^{(m+1-j)}(x)$$

となる．今，この式の第 2 項の j を k で書き直し，$f^{(k)}(x) g^{(m+1-k)}(x)$ の項でまとめると，

$$f^{(0)}(x) g^{(m+1)}(x)$$
$$+ \sum_{k=1}^{m} ({}_m\mathrm{C}_k + {}_m\mathrm{C}_{k-1}) f^{(k)}(x) g^{(m+1-k)}(x) + f^{(m+1)}(x) g^{(0)}(x)$$
$$= f^{(0)}(x) g^{(m+1)}(x) + \sum_{k=1}^{m} {}_{m+1}\mathrm{C}_k f^{(k)}(x) g^{(m+1-k)}(x) + f^{(m+1)}(x) g^{(0)}(x)$$

$$= \sum_{k=0}^{m+1} {}_{m+1}C_k f^{(k)}(x) g^{(m+1-k)}(x)$$

となる．なお，最後から 2 番目の等号では ${}_mC_k + {}_mC_{k-1} = {}_{m+1}C_k$ を用いた．上の式は元々 $\dfrac{d^{m+1}}{dx^{m+1}}(f(x)g(x))$ を計算したものだったから，以上により $n = m+1$ のときにも成り立つことが分かった． ∎

例 2.3.7 関数 $x^2 e^{3x}$ の n 次導関数を求めよう．$f(x) = x^2$, $g(x) = e^{3x}$ とおく．すると，

$$f'(x) = 2x, \quad f''(x) = 2, \quad f^{(k)}(x) = 0 \ (k \geq 3); \quad g^{(m)}(x) = 3^m e^{3x}$$

だから，ライプニッツの公式より，$n \geq 2$ のとき，

$$\begin{aligned}
\frac{d^n}{dx^n}(x^2 e^{3x}) &= \frac{d^n}{dx^n}(f(x)g(x)) = \sum_{k=0}^{n} {}_nC_k f^{(k)}(x) g^{(n-k)}(x) \\
&= {}_nC_0 f(x) g^{(n)}(x) + {}_nC_1 f'(x) g^{(n-1)}(x) \\
&\quad + {}_nC_2 f''(x) g^{(n-2)}(x) \quad (f^{(k)}(x) = 0 \ (k \geq 3) \text{ を使った}) \\
&= x^2 \cdot 3^n e^{3x} + n \cdot 2x \cdot 3^{n-1} e^{3x} + \frac{n(n-1)}{2} \cdot 2 \cdot 3^{n-2} e^{3x} \\
&= 3^{n-2}\{9x^2 + 6nx + n(n-1)\} e^{3x} \qquad (2.17)
\end{aligned}$$

が成り立つ．なお，直接計算することにより，式 (2.17) の結論は $n = 0, 1$ のときも正しいことが分かる．

2.4　テイラーの定理

関数 $f(x)$ を $x = a$ の近くで近似する x の 1 次式 $p(x)$ は，点 $(a, f(a))$ での $y = f(x)$ の接線の式を考えて

$$p(x) = f(a) + f'(a)(x - a)$$

とするのが自然である．ここで $p(a)=f(a)$, $p'(a)=f'(a)$ に注意しよう．これにならって $x=a$ の近くで $f(x)$ を近似する 2 次式 $q(x)$ を見つけよう．そのためには

$$q(x)=A+B(x-a)+C(x-a)^2, \quad q^{(k)}(a)=f^{(k)}(a) \quad (k=0,1,2)$$

としたときの定数 A,B,C を求めればよい．このとき $A=f(a)$ であり，さらに $q'(x)=B+2C(x-a)$, $q''(x)=2C$ より $B=f'(a)$, $2C=f''(a)$ も分かる．従って

$$q(x)=f(a)+f'(a)(x-a)+\frac{f''(a)}{2}(x-a)^2.$$

同様にして，3 次式 $r(x)$ が $r^{(k)}(a)=f^{(k)}(a)$ $(0\leq k\leq 3)$ をみたすならば

$$r(x)=f(a)+f'(a)(x-a)+\frac{f''(a)}{2}(x-a)^2+\frac{f'''(a)}{3!}(x-a)^3$$

となる．このようにして，$x=a$ の近くで $f(x)$ を近似する n 次式 $P(x)$ を $P^{(k)}(a)=f^{(k)}(a)$ $(0\leq k\leq n)$ なるものとすると，

$$P(x)=\sum_{k=0}^{n}\frac{f^{(k)}(a)}{k!}(x-a)^k$$

が得られる．この多項式と元々の関数 $f(x)$ との関係について述べたのが，次に述べるテイラーの定理である．

定理 2.4.1　テイラーの定理　関数 $f(x)$ は区間 I で n 回微分可能とし，$a\in I$ とする．このとき，$x\in I$ に対して

$$f(x)=\sum_{k=0}^{n-1}\frac{f^{(k)}(a)}{k!}(x-a)^k+\frac{f^{(n)}(a+\theta(x-a))}{n!}(x-a)^n \tag{2.18}$$

をみたす $\theta\in(0,1)$ が存在する．式 (2.18) 右辺の最後の項

$$\frac{f^{(n)}(a+\theta(x-a))}{n!}(x-a)^n$$

を**剰余項**と呼ぶ．

この定理の証明を行う前に，いくつかの注意を与えておく．まず，定理 2.4.1 で $n=1$ とすると，式 (2.18) は

$$f(x) = f(a) + f'(c)(x-a) \qquad (ただし，c = a + \theta(x-a))$$

と表せ，そして c は 2 点 a, x の間の実数となる．つまり，これは平均値の定理 (定理 2.2.3) そのものである．よって，テイラーの定理は，平均値の定理の一般化であることが分かる．また，定理 2.4.1 で $x = a + h$ とすると，式 (2.18) は

$$f(a+h) = \sum_{k=0}^{n-1} \frac{f^{(k)}(a)}{k!} h^k + \frac{f^{(n)}(a+\theta h)}{n!} h^n \qquad (2.19)$$

と書ける．もう一つ注意しておくべきことは，定理 2.4.1 中の θ は，関数 f，点 $a \in I$ や n だけでなく，点 $x \in I$ にもよることである．

テイラーの定理は，$a = 0$ の場合が非常によく使われる．この場合を特にマクローリンの定理という．これを定理としてもう一度述べ，その後でテイラーの定理を証明しよう．

定理 2.4.2 マクローリンの定理 　区間 I は点 0 を含むとし，関数 $f(x)$ は区間 I で n 回微分可能とする．このとき，

$$f(x) = \sum_{k=0}^{n-1} \frac{f^{(k)}(0)}{k!} x^k + \frac{f^{(n)}(\theta x)}{n!} x^n \qquad (2.20)$$

をみたす $\theta \in (0,1)$ が存在する．

【定理 2.4.1 の証明】 x を b とおき，t を変数とする関数

$$g(t) = f(b) - \sum_{k=0}^{n-1} \frac{f^{(k)}(t)}{k!} (b-t)^k - A(b-t)^n$$

を定義する．ただし，A は定数で $g(a) = 0$，即ち

$$f(b) = \sum_{k=0}^{n-1} \frac{f^{(k)}(a)}{k!}(b-a)^k + A(b-a)^n \qquad (2.21)$$

となるように定める．さて，式 (2.18) と (2.21) を比較すると，

$$A = \frac{f^{(n)}(a + \theta(b-a))}{n!} \qquad (2.22)$$

をみたす $\theta \in (0,1)$ が存在することを示せばよいことが分かる．これをロルの定理 (定理 2.2.4) を用いて示そう．今，関数 f は区間 I で n 回微分可能だから，関数 $g(t)$ は区間 I で微分可能である．また，

$$g(b) = f(b) - \left\{ f(b) + \sum_{k=1}^{n-1} \frac{f^{(k)}(b)}{k!}(b-b)^k \right\} - A(b-b)^n = 0$$

により，$g(a) = g(b) = 0$ が分かる．よってロルの定理 (定理 2.2.4) により，$g'(c) = 0$ をみたす実数 c が a と b の間に存在する．ここで $g(t)$ の導関数を計算すると，

$$\begin{aligned}
g'(t) &= -f'(t) - \sum_{k=1}^{n-1} \frac{1}{k!} \left\{ -f^{(k)}(t) \cdot k(b-t)^{k-1} + f^{(k+1)}(t)(b-t)^k \right\} \\
&\qquad + An(b-t)^{n-1} \\
&= -f'(t) + \sum_{k=1}^{n-1} \left\{ \frac{f^{(k)}(t)}{(k-1)!}(b-t)^{k-1} - \frac{f^{(k+1)}(t)}{k!}(b-t)^k \right\} \\
&\qquad + An(b-t)^{n-1} \\
&= -f'(t) + \left\{ f'(t) - f''(t)(b-t) \right\} + \left\{ f''(t)(b-t) - \frac{f^{(3)}(t)}{2!}(b-t)^2 \right\} \\
&\qquad + \cdots + \left\{ \frac{f^{(n-1)}(t)}{(n-2)!}(b-t)^{n-2} - \frac{f^{(n)}(t)}{(n-1)!}(b-t)^{n-1} \right\} + An(b-t)^{n-1} \\
&= -\frac{f^{(n)}(t)}{(n-1)!}(b-t)^{n-1} + An(b-t)^{n-1}
\end{aligned}$$

となる．これと $g'(c) = 0$ により

$$-\frac{f^{(n)}(c)}{(n-1)!}(b-c)^{n-1} + An(b-c)^{n-1} = 0$$

が成り立つ．$b \neq c$ だから，これを整理して $A = f^{(n)}(c)/n!$ を得る．今，$\theta = (c-a)/(b-a)$ とおく．すると，c は a と b の間の実数だったから，$\theta \in (0,1)$ であり，また $c = a + \theta(b-a)$ が成り立つ．よって式 (2.22) が成り立ち，この定理が証明できた． ∎

以下，様々な関数にマクローリンの定理 (定理 2.4.2) を適用してみよう．

例 2.4.3 $f(x) = e^x$ とする．すると例 2.3.2 より $f^{(k)}(x) = e^x$ だから，特に $f^{(k)}(0) = 1$．よってマクローリンの定理より，任意の実数 x に対して

$$e^x = \sum_{k=0}^{n-1} \frac{f^{(k)}(0)}{k!} x^k + \frac{f^{(n)}(\theta x)}{n!} x^n = \sum_{k=0}^{n-1} \frac{1}{k!} x^k + \frac{e^{\theta x}}{n!} x^n$$

$$= 1 + x + \frac{1}{2} x^2 + \frac{1}{3!} x^3 + \cdots + \frac{1}{(n-1)!} x^{n-1} + \frac{e^{\theta x}}{n!} x^n \qquad (2.23)$$

をみたす $\theta \in (0,1)$ が存在することが分かる．なお，図 2.6 の太線 C は $y = e^x$ の，$C_p \ (p = 1, 2, 3, 4)$ は

$$C_1 : y = 1 + x, \qquad\qquad C_2 : y = 1 + x + \frac{x^2}{2},$$
$$C_3 : y = 1 + x + \frac{x^2}{2} + \frac{x^3}{3!}, \quad C_4 : y = 1 + x + \frac{x^2}{2} + \frac{x^3}{3!} + \frac{x^4}{4!}$$

のグラフである．

例 2.4.4 三角関数 $f(x) = \sin x$ にマクローリンの定理を適用しよう．例 2.3.3 より $f^{(p)}(x) = \sin\left(x + \frac{p\pi}{2}\right)$ だから，$f^{(p)}(0) = \sin\frac{p\pi}{2}$．よって，

$$f^{(2j)}(0) = \sin(j\pi) = 0 \qquad\qquad (p = 2j \text{ のとき}),$$
$$f^{(2j+1)}(0) = \sin\left(j\pi + \frac{\pi}{2}\right) = \cos(j\pi) = (-1)^j \quad (p = 2j+1 \text{ のとき})$$

が成り立つ．また，

$$f^{(2m+1)}(x) = \sin\left(x + m\pi + \frac{\pi}{2}\right) = \cos(x + m\pi) = (-1)^m \cos x$$

となる．故に定理 2.4.2 で $n = 2m+1$ とすると，任意の実数 x に対して

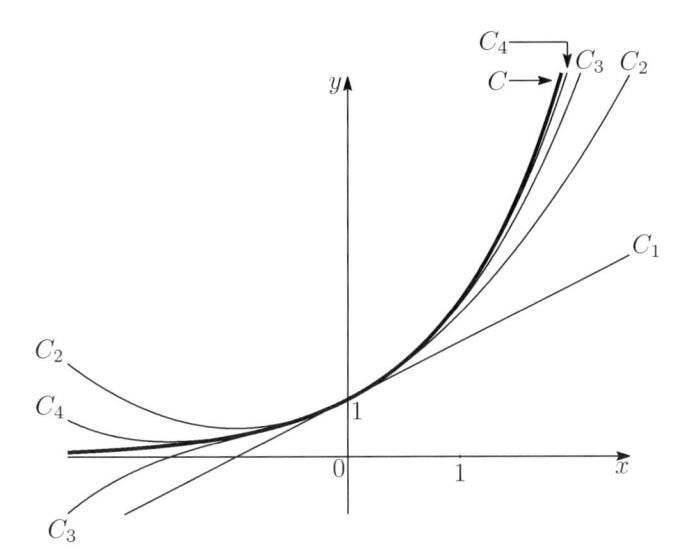

図 2.6: e^x とマクローリンの定理による多項式近似.

$$\sin x = \sum_{k=0}^{2m} \frac{f^{(k)}(0)}{k!} x^k + \frac{f^{(2m+1)}(\theta x)}{(2m+1)!} x^{2m+1}$$

$$= f'(0)x + \frac{f^{(3)}(0)}{3!} x^3 + \frac{f^{(5)}(0)}{5!} x^5 + \cdots + \frac{f^{(2m-1)}(0)}{(2m-1)!} x^{2m-1}$$

$$+ \frac{f^{(2m+1)}(\theta x)}{(2m+1)!} x^{2m+1} \quad (\text{まず } f^{(2j)}(0) = 0 \text{ を使った})$$

$$= x - \frac{1}{3!} x^3 + \frac{1}{5!} x^5 - \cdots + \frac{(-1)^{m-1}}{(2m-1)!} x^{2m-1} + \frac{(-1)^m \cos(\theta x)}{(2m+1)!} x^{2m+1}$$

$$= \sum_{j=0}^{m-1} \frac{(-1)^j}{(2j+1)!} x^{2j+1} + \frac{(-1)^m \cos(\theta x)}{(2m+1)!} x^{2m+1} \tag{2.24}$$

をみたす $\theta \in (0,1)$ が存在することが分かる. なお, 図 2.7 の太線 C は $y = \sin x$ の, C_p $(p = 1, 3, 5, 7)$ は

$$C_1 : y = x, \qquad C_3 : y = x - \frac{x^3}{3!},$$

$$C_5 : y = x - \frac{x^3}{3!} + \frac{x^5}{5!}, \qquad C_7 : y = x - \frac{x^3}{3!} + \frac{x^5}{5!} - \frac{x^7}{7!}$$

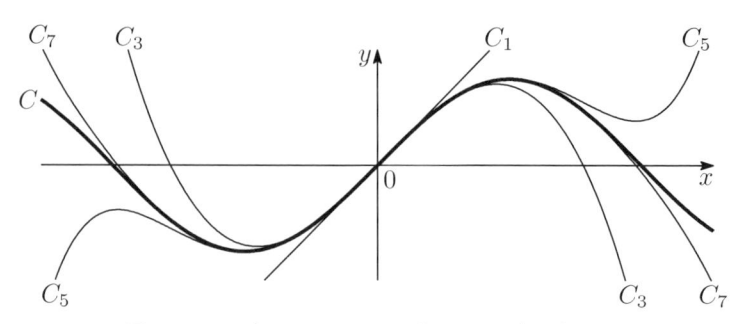

図 2.7: $\sin x$ とマクローリンの定理による多項式近似.

のグラフである．なお，同様にして式 (2.14) を用いて $\cos x$ にマクローリンの定理を適用することにより，

$$\cos x = \sum_{j=0}^{m-1} \frac{(-1)^j}{(2j)!} x^{2j} + \frac{(-1)^m \cos(\theta x)}{(2m)!} x^{2m}$$
$$= 1 - \frac{1}{2} x^2 + \frac{1}{4!} x^4 - \cdots + \frac{(-1)^{m-1}}{(2m-2)!} x^{2m-2} + \frac{(-1)^m \cos(\theta x)}{(2m)!} x^{2m}$$

をみたす $\theta \in (0,1)$ が存在することが分かる．

例 2.4.5 関数 $\dfrac{1}{1+x}$ にマクローリンの定理を適用すると，式 (2.15) により

$$\frac{1}{1+x} = \sum_{k=0}^{n-1} (-1)^k x^k + \frac{(-1)^n}{(1+\theta x)^{n+1}} x^n \quad (\text{ただし, } \theta \in (0,1))$$

が得られる．同様に，関数 $\log(1+x)$ にマクローリンの定理を適用すると，式 (2.16) により

$$\log(1+x) = \sum_{k=1}^{n-1} \frac{(-1)^{k-1}}{k} x^k + \frac{(-1)^{n-1}}{n(1+\theta x)^n} x^n \quad (\text{ただし, } \theta \in (0,1))$$

が得られる．詳しくは演習問題とする．

例 2.4.6 α を実数とする．関数 $f(x) = (1+x)^\alpha$ にマクローリンの定理を適用してみよう．例 2.3.4 により，

$$f^{(k)}(x) = \underbrace{\alpha(\alpha-1)(\alpha-2)\cdots(\alpha-k+1)}_{k\text{ 個}}(1+x)^{\alpha-k}$$

だから,

$$f^{(k)}(0) = \underbrace{\alpha(\alpha-1)(\alpha-2)\cdots(\alpha-k+1)}_{k\text{ 個}}$$

が成り立つ. ここで $f(0) = 1$ であり, また正の整数 k に対し, x^k の係数は

$$\frac{f^{(k)}(0)}{k!} = \frac{1}{k!}\underbrace{\alpha(\alpha-1)(\alpha-2)\cdots(\alpha-k+1)}_{k\text{ 個}}$$

となる. そこで,

$$\binom{\alpha}{k} = \begin{cases} 1 & (k=0), \\ \dfrac{1}{k!}\overbrace{\alpha(\alpha-1)(\alpha-2)\cdots(\alpha-k+1)}^{k\text{ 個}} & (k \geq 1) \end{cases}$$

とおくことにしよう. もし α が正の整数ならこれは二項係数 ${}_\alpha C_k$ に一致する. また, マクローリンの定理にある式 (2.20) 中の x^k の係数や剰余項に現れる関数は

$$\frac{f^{(k)}(0)}{k!} = \binom{\alpha}{k}, \qquad \frac{f^{(n)}(x)}{n!} = \binom{\alpha}{n}(1+x)^{\alpha-n}$$

と簡潔に書ける. よって, $f(x) = (1+x)^\alpha$ のマクローリンの定理により,

$$(1+x)^\alpha = \sum_{k=0}^{n-1} \frac{f^{(k)}(0)}{k!} x^k + \frac{f^{(n)}(\theta x)}{n!} x^n$$

$$= \sum_{k=0}^{n-1} \binom{\alpha}{k} x^k + \binom{\alpha}{n}(1+\theta x)^{\alpha-n} x^n$$

をみたす $\theta \in (0,1)$ が存在することが分かる.

■ 近似値の計算

マクローリンの定理 (定理 2.4.2) の式 (2.20) は，剰余項 $f^{(n)}(\theta x)x^n/n!$ が無視できれば，関数 $f(x)$ を $(n-1)$ 次多項式で近似した式と見なせる．このことを使って，直接は計算できない値の近似値を求めてみよう．

例 2.4.7 $\sin 0.1$ の近似値を求めてみよう．例 2.4.4 において，関数 $\sin x$ にマクローリンの定理を適用することで (2.24) を得た．ここで特に $m=2$ とした

$$\sin x = x - \frac{1}{3!}x^3 + \frac{\cos(\theta x)}{5!}x^5 \qquad (\theta \in (0,1))$$

を使って $\sin 0.1$ の近似値を求める．そのために，$x=0.1$ としよう．すると，

$$\sin 0.1 = 0.1 - \frac{1}{3!}\cdot 0.1^3 + \frac{\cos(0.1\theta)}{5!}\cdot 0.1^5 = \frac{599}{6000} + \frac{\cos(0.1\theta)}{5!\cdot 10^5}$$

をみたす $\theta \in (0,1)$ が存在することが分かる．ここで $\sin 0.1$ と $599/6000$ との差

$$r = \sin 0.1 - \frac{599}{6000} = \frac{\cos(0.1\theta)}{5!\cdot 10^5} \tag{2.25}$$

について調べよう．今 $0<\theta<1$ だから，特に $0<0.1\theta<0.1<\pi/2$．よって $0<\cos(0.1\theta)<1$．これの各辺を $5!\cdot 10^5$ で割って

$$0<r<\frac{1}{5!\cdot 10^5}$$

を得る．この式に式 (2.25) を代入すると，

$$0<\sin 0.1 - \frac{599}{6000}<\frac{1}{5!\cdot 10^5}, \quad \text{即ち} \quad \frac{599}{6000}<\sin 0.1<\frac{599}{6000}+\frac{1}{5!\cdot 10^5}$$

が成り立つ．ここで，

$$\frac{599}{6000} = 0.09983333333\cdots > 0.09983333,$$

$$\frac{599}{6000}+\frac{1}{5!\cdot 10^5} = 0.09983341666\cdots < 0.09983342$$

だから，

$$0.09983333 < \sin 0.1 < 0.09983342$$

となり，特に $\sin 0.1 = 0.099833\cdots$ であることが分かる．つまり，小数第6位までの値が求められたことになる．なお，実際には $\sin 0.1 = 0.0998334166\cdots$ である．

ここでは $\sin x$ についての式 (2.24) で特に $m = 2$ の場合を使ったが，この m を大きくしていくと，よりよい近似値を得ることができる．

また，e^x のマクローリン展開を使えば，上の例と同様にすることで e の近似値を得ることもできる．

■ マクローリン展開

マクローリンの定理 (2.20) を考える際には，剰余項 $f^{(n)}(\theta x)x^n/n!$ をどう扱うかが問題である．$n \to \infty$ としたとき，一般には剰余項が 0 に収束するとは限らない．そして収束するかしないかは，関数 f だけではなく，点 x にもよる．しかしながら，$f(x)$ が e^x や $\sin x$ のときにはすべての x に対して $f^{(n)}(\theta x)x^n/n! \to 0 \ (n \to \infty)$ が成り立つ（証明は 2.A 節で与える）．このようにして得られる無限級数を**マクローリン展開**と呼ぶ．ここで，上の例 2.4.3，例 2.4.4，例 2.4.5，例 2.4.6 で求めた式で，$n \to \infty$ としたときに得られるマクローリン展開を以下にまとめておこう．ただし，$1/(1+x)$, $\log(1+x)$ と $(1+x)^\alpha$ のマクローリン展開は成り立つ範囲が限られるので，その範囲も併記した．なお，これらのことは第 6 章でも議論する（例 6.2.7，例 6.2.8 参照）．

―― 基本的な関数のマクローリン展開 ――――――――――――――――――

$$e^x = \sum_{k=0}^{\infty} \frac{x^k}{k!} = 1 + x + \frac{x^2}{2} + \frac{x^3}{3!} + \frac{x^4}{4!} + \frac{x^5}{5!} + \cdots,$$

$$\sin x = \sum_{j=0}^{\infty} \frac{(-1)^j}{(2j+1)!} x^{2j+1} = x - \frac{x^3}{3!} + \frac{x^5}{5!} - \frac{x^7}{7!} + \cdots,$$

$$\cos x = \sum_{j=0}^{\infty} \frac{(-1)^j}{(2j)!} x^{2j} = 1 - \frac{x^2}{2} + \frac{x^4}{4!} - \frac{x^6}{6!} + \cdots,$$

$$\frac{1}{1+x} = \sum_{k=0}^{\infty} (-1)^k x^k = 1 - x + x^2 - x^3 + \cdots \quad (|x| < 1),$$

$$\log(1+x) = \sum_{k=1}^{\infty} \frac{(-1)^{k-1}}{k} x^k = x - \frac{x^2}{2} + \frac{x^3}{3} - \frac{x^4}{4} + \cdots \quad (-1 < x \leq 1),$$

$$(1+x)^{\alpha} = \sum_{k=0}^{\infty} \binom{\alpha}{k} x^k = 1 + \alpha x + \binom{\alpha}{2} x^2 + \binom{\alpha}{3} x^3 + \cdots \quad (|x| < 1).$$

――――――――――――――――――――――――――――――――

$1/(1+x)$ のマクローリン展開は,初項 1,公比 $-x$ ($|x| < 1$) の等比数列の総和に関する公式とも見なせる.

■ マクローリン展開を用いた極限の計算

関数の極限を求める際,マクローリン展開はしばしば有効である.

例 2.4.8 マクローリン展開を使って,極限 $\displaystyle\lim_{x \to 0} \frac{e^x - 1 - x}{1 - \cos x}$ を求めてみよう.
マクローリン展開により,特に

$$\cos x = 1 - \frac{1}{2} x^2 + \frac{1}{24} x^4 - \cdots, \quad e^x = 1 + x + \frac{1}{2} x^2 + \frac{1}{6} x^3 + \cdots$$

が分かる.よって,分母は

$$1 - \cos x = \frac{1}{2} x^2 - \frac{1}{24} x^4 + \cdots = x^2 \left(\frac{1}{2} - \frac{1}{24} x^2 + \cdots \right)$$

と書ける.同様に分子は

$$e^x - 1 - x = \frac{1}{2} x^2 + \frac{1}{6} x^3 + \cdots = x^2 \left(\frac{1}{2} + \frac{1}{6} x + \cdots \right)$$

となる.よって,

$$\frac{e^x - 1 - x}{1 - \cos x} = \frac{x^2\left(\dfrac{1}{2} + \dfrac{1}{6}x + \cdots\right)}{x^2\left(\dfrac{1}{2} - \dfrac{1}{24}x^2 + \cdots\right)}$$

$$= \frac{\dfrac{1}{2} + \dfrac{1}{6}x + \cdots}{\dfrac{1}{2} - \dfrac{1}{24}x^2 + \cdots} \to \frac{\dfrac{1}{2}}{\dfrac{1}{2}} = 1 \quad (x \to 0).$$

例 2.4.9 マクローリン展開を使って，極限 $\displaystyle\lim_{x \to 0} \frac{e^{2x^3} - 1}{(e^x - 1 - x)(e^x - 1)}$ を求めてみよう．マクローリン展開により，

$$e^t = 1 + t + \frac{1}{2}t^2 + \frac{1}{6}t^3 + \cdots \tag{2.26}$$

だから，

$$e^x - 1 - x = \frac{1}{2}x^2 + \frac{1}{6}x^3 + \cdots = x^2\left(\frac{1}{2} + \frac{1}{6}x + \cdots\right),$$

$$e^x - 1 = x + \frac{1}{2}x^2 + \cdots = x\left(1 + \frac{1}{2}x + \cdots\right).$$

よって分母は

$$(e^x - 1 - x)(e^x - 1) = x^3\left(\frac{1}{2} + \frac{1}{6}x + \cdots\right)\left(1 + \frac{1}{2}x + \cdots\right)$$

となる．一方，式 (2.26) に $t = 2x^3$ を代入すると，

$$e^{2x^3} = 1 + 2x^3 + \frac{1}{2}(2x^3)^2 + \cdots = 1 + 2x^3 + 2x^6 + \cdots$$

となるから，分子は

$$e^{2x^3} - 1 = 2x^3 + 2x^6 + \cdots = x^3(2 + 2x^3 + \cdots)$$

である．よって，

$$\frac{e^{2x^3}-1}{(e^x-1-x)(e^x-1)} = \frac{x^3(2+2x^3+\cdots)}{x^3\left(\dfrac{1}{2}+\dfrac{1}{6}x+\cdots\right)\left(1+\dfrac{1}{2}x+\cdots\right)}$$
$$= \frac{2+2x^3+\cdots}{\left(\dfrac{1}{2}+\dfrac{1}{6}x+\cdots\right)\left(1+\dfrac{1}{2}x+\cdots\right)} \to \frac{2}{\dfrac{1}{2}\cdot 1} = 4 \quad (x\to 0).$$

2.5 ロピタルの定理

前の節の最後で考えた例 2.4.8 や例 2.4.9 はいずれも，点 $x=0$ の近くで定義された関数 $f(x), g(x)$ が $f(x) \to 0, g(x) \to 0\ (x \to 0)$ をみたすときに，$x \to 0$ のときの $f(x)/g(x)$ の極限を求めよ，という問題であった．このような極限は，次に述べる**ロピタルの定理**を使って求めることもできる．

定理 2.5.1　ロピタルの定理　関数 $f(x), g(x)$ は点 $x=c$ を含むある開区間で微分可能であるとする．このとき，
$$\lim_{x\to c} f(x) = \lim_{x\to c} g(x) = 0$$
であり，しかも極限 $\displaystyle\lim_{x\to c}\frac{f'(x)}{g'(x)}$ が存在するならば，次が成り立つ．
$$\lim_{x\to c}\frac{f(x)}{g(x)} = \lim_{x\to c}\frac{f'(x)}{g'(x)}.$$

注意 2.5.2　定理 2.5.1 は，以下の状況でも成り立つ．
 (ⅰ) $c = \infty$ または $c = -\infty$ のとき．
 (ⅱ) $\displaystyle\lim_{x\to c} f(x) = \pm\infty$ かつ $\displaystyle\lim_{x\to c} g(x) = \pm\infty$ のとき．
 (ⅲ) $\displaystyle\lim_{x\to c}$ の部分が $\displaystyle\lim_{x\to c+0}$ または $\displaystyle\lim_{x\to c-0}$ のとき．

例 2.5.3　ロピタルの定理を使って極限 $\displaystyle\lim_{x\to 0}\frac{e^x-e^{-x}}{\sin x}$ を求めてみよう．$f(x) = e^x - e^{-x}, g(x) = \sin x$ とおくと，$f(x) \to 0, g(x) \to 0\ (x \to 0)$ が成り立つ．またこのとき，$f'(x) = e^x + e^{-x}, g'(x) = \cos x$ だから，

が成り立つ．よって，ロピタルの定理により，

$$\lim_{x\to 0}\frac{f'(x)}{g'(x)} = \lim_{x\to 0}\frac{e^x + e^{-x}}{\cos x} = 2$$

が成り立つ．よって，ロピタルの定理により，

$$\lim_{x\to 0}\frac{e^x - e^{-x}}{\sin x} = \lim_{x\to 0}\frac{f(x)}{g(x)} = \lim_{x\to 0}\frac{f'(x)}{g'(x)} = 2$$

が成り立つ．なお，以上の議論は次のように簡潔に書かれることも多い．

$$\lim_{x\to 0}\frac{e^x - e^{-x}}{\sin x} = \lim_{x\to 0}\frac{e^x + e^{-x}}{\cos x} = 2.$$

ただし，一つ目の等号でロピタルの定理を用いた．

例 2.5.4 $a > 0$ とする．すると $\log x \to \infty$, $x^a \to \infty$ $(x \to \infty)$ だから，ロピタルの定理 (定理 2.5.1 と注意 2.5.2 (i), (ii)) より，

$$\lim_{x\to\infty}\frac{\log x}{x^a} = \lim_{x\to\infty}\frac{(\log x)'}{(x^a)'} = \lim_{x\to\infty}\frac{1/x}{ax^{a-1}} = \lim_{x\to\infty}\frac{1}{ax^a} = 0.$$

例 2.5.5 ロピタルの定理は繰り返して使うこともできる．例 2.4.8 で求めた極限を，今度はロピタルの定理を使って求めてみよう．

$$\lim_{x\to 0}\frac{e^x - 1 - x}{1 - \cos x} \quad \begin{pmatrix}(\text{分子}) \to 0\\(\text{分母}) \to 0\end{pmatrix}$$
$$= \lim_{x\to 0}\frac{(e^x - 1 - x)'}{(1 - \cos x)'} = \lim_{x\to 0}\frac{e^x - 1}{\sin x} \quad \begin{pmatrix}(\text{分子}) \to 0\\(\text{分母}) \to 0\end{pmatrix}$$
$$= \lim_{x\to 0}\frac{(e^x - 1)'}{(\sin x)'} = \lim_{x\to 0}\frac{e^x}{\cos x} = 1.$$

なお，一つ目と三つ目の等号でロピタルの定理を用いた．

ただし，考える関数が複雑なときは，ロピタルの定理を使うとその複雑な関数を何度も微分しなければならなくなる可能性がある (例えば，例 2.4.9 をロピタルの定理で求めようとするとかなり煩雑になる)．一方，例 2.4.9 で実際に行ったマクローリン展開を使う方法は，基本的には分母分子が多項式であるような分数の計算をすればよい．この点で，マクローリン展開を使った方が計

算が容易になることも多い．

2.A 付録 マクローリン展開の証明

ここでは，第 2.4 節で述べたマクローリン展開 (48 ページ) のうち，e^x の証明を与えよう．なお，$\sin x$ と $\cos x$ のマクローリン展開は，e^x と同様にすれば証明できる．また，$\log(1+x)$ と $(1+x)^\alpha$ のマクローリン展開は，それぞれ第 6.2 節の例 6.2.7，例 6.2.8 で証明する．

まず，正の整数 R を一つ固定する．初めに，

$$\frac{R^n}{n!} \to 0 \quad (n \to \infty) \tag{2.27}$$

が成り立つことを確かめておこう．実際，$n > 2R$ に対し，

$$\frac{R^n}{n!} = \overbrace{\frac{R}{1} \cdot \frac{R}{2} \cdot \frac{R}{3} \cdots \frac{R}{2R-1} \cdot \frac{R}{2R}}^{2R \text{ 個}} \cdot \overbrace{\frac{R}{2R+1} \cdot \frac{R}{2R+2} \cdots \frac{R}{n}}^{(n-2R) \text{ 個}}$$

$$< \overbrace{\frac{R}{1} \cdot \frac{R}{2} \cdot \frac{R}{3} \cdots \frac{R}{2R-1} \cdot \frac{R}{2R}}^{2R \text{ 個}} \cdot \overbrace{\frac{1}{2} \cdot \frac{1}{2} \cdots \frac{1}{2}}^{(n-2R) \text{ 個}}$$

$$= \frac{R^{2R}}{(2R)!} \left(\frac{1}{2}\right)^{n-2R} \to 0 \quad (n \to \infty)$$

となり，式 (2.27) が成り立つことが分かる．

さて，実数 x は $|x| \leq R$ をみたすとしよう．すると例 2.4.3 により，

$$e^x = \sum_{k=0}^{n-1} \frac{1}{k!} x^k + \frac{e^{\theta x}}{n!} x^n$$

$$= 1 + x + \frac{1}{2} x^2 + \frac{1}{3!} x^3 + \cdots + \frac{1}{(n-1)!} x^{n-1} + \frac{e^{\theta x}}{n!} x^n \tag{2.28}$$

をみたす $\theta \in (0, 1)$ が存在する．ここで $e^{\theta x} \leq e^{|\theta x|} \leq e^R$ と式 (2.27) を使うと，剰余項は

$$\left| \frac{e^{\theta x}}{n!} x^n \right| \leq e^R \frac{R^n}{n!} \to 0 \quad (n \to \infty)$$

となることが分かる．よって，式 (2.28) で $n \to \infty$ とすることにより e^x のマクローリン展開

$$e^x = \sum_{k=0}^{\infty} \frac{1}{k!} x^k = 1 + x + \frac{1}{2}x^2 + \frac{1}{3!}x^3 + \cdots + \frac{1}{(n-1)!}x^{n-1} + \cdots$$

を得る．

演習問題

□ 第2.1節の問題

1. 次の関数を微分せよ．

(1) $\cos^3 x$

(2) xe^{2x}

(3) $\tan \pi x$

(4) $\mathrm{Arctan}\,\dfrac{1}{x}$

(5) $\sqrt{2x^2+1}$

(6) $\mathrm{Arccos}\,\sqrt{1-x^2}\quad (0<x<1)$

(7) $\log(1+3x^2)$

(8) $\mathrm{Arcsin}\left(\dfrac{x^2-1}{x^2+1}\right)\quad (x>0)$

(9) $\dfrac{\cos x}{\cos x + \sin x}$

(10) $\log\left(x+\sqrt{x^2+1}\right)$

(11) $x^{1/x}\quad (x>0)$

(12) $(\cos x)^{\cos x}\quad (|x|<\pi/2)$

(13) $x^2\sqrt{\dfrac{1+x^2}{1-x^2}}$

(14) $\dfrac{1}{2}\log\left(\dfrac{1+x}{1-x}\right)$

2. 双曲線関数について次を示せ．
$$(\cosh x)' = \sinh x, \quad (\sinh x)' = \cosh x, \quad (\tanh x)' = \frac{1}{\cosh^2 x}.$$

3. 正の整数 n に対し，
$$f(x) = \begin{cases} x^n \sin \dfrac{1}{x} & (x \neq 0), \\ 0 & (x = 0) \end{cases}$$

とおく．次の問いに答えよ．
(1) $n=1$ のとき，$f(x)$ は $x=0$ で微分可能でないことを示せ．
(2) $n \geq 2$ のとき，$f(x)$ はすべての x で微分可能であることを示せ．
(3) $n \geq 3$ のとき，$f'(x)$ はすべての x で連続であることを示せ．

□ 第 2.2 節の問題

1. 平均値の定理を利用して，次の極限を求めよ．

$$(1)\ \lim_{x\to 0}\frac{e^x - e^{\sin x}}{x - \sin x} \qquad (2)\ \lim_{x\to 0}\frac{\sin x - \sin x^2}{x - x^2}$$

2. 平均値の定理を利用して，次の不等式を示せ．

(1) 任意の $a < b$ について $\quad e^a < \dfrac{e^b - e^a}{b - a} < e^b$.

(2) 任意の $a < b < c$ について $\quad \dfrac{e^b - e^a}{b - a} < \dfrac{e^c - e^b}{c - b}$.

3. 微分することによって，次の 2 式を示せ．

(1) $\mathrm{Arcsin}\, x + \mathrm{Arccos}\, x = \dfrac{\pi}{2}$ $\qquad$ (2) $\mathrm{Arctan}\, x + \mathrm{Arctan}\dfrac{1}{x} = \pm\dfrac{\pi}{2}$

ただし，(2) の ± は $x > 0$ のときは + とし，$x < 0$ のときは − とする．

4. 次の関数の増減と極値を調べよ．

(1) $y = \dfrac{x}{x^2 + 4}$ $\qquad$ (2) $y = x\sqrt{x - x^2}$

(3) $y = x^2 e^{-x}$ $\qquad$ (4) $y = x + \sqrt{2 - x^2}$

(5) $y = \dfrac{\log x}{x}$ $\qquad$ (6) $y = x^{1/x} \quad (x > 0)$

(7) $y = x - \log\sqrt{x^2 + 1} - \mathrm{Arctan}\, x$

(8) $y = \sin^3 x + \cos^3 x \qquad (0 \leq x \leq \pi)$

(9) $y = (1 + \cos x)\sin x \qquad (-\pi \leq x \leq \pi)$

(10) $y = \log\left(1 + \dfrac{1}{x}\right) - \dfrac{3}{3x + 1} \qquad (x > 0)$

□ 第 2.3 節の問題

1. 次の関数の 2 次導関数を求めよ．

(1) $y = \dfrac{1}{\sqrt{1+2x}}$ (2) $y = e^{-x^2/2}$

(3) $y = e^x \cos x$ (4) $y = x^x \quad (x > 0)$

2. $a \neq 0$, $b \in \mathbb{R}$ を定数とする．帰納法により次を示せ．
$$\frac{d^n}{dx^n} f(ax+b) = a^n f^{(n)}(ax+b), \qquad n \geq 0.$$

3. 次の関数の n 次導関数を求めよ．

(1) $y = (1-x)e^{-x}$ (2) $y = x^3 e^x$

(3) $y = x \cos 2x$ (4) $y = x^2 \sin 3x$

(5) $y = \dfrac{x+2}{x+1}$ (6) $y = \dfrac{1}{x^2+3x+2}$

(7) $y = x \log(1+x)$ (8) $y = \sin 3x \, \cos x$

4. a を定数とする．$x \neq a$ に対して
$$\varphi(x) = \frac{f(x) - f(a)}{x - a}$$
とおく．$f''(x) > 0$ ならば $\varphi(x)$ は単調増加，$f''(x) < 0$ ならば $\varphi(x)$ は単調減少であることを示せ．

5. 前問 4 を利用して，任意の $a < b < c$ に対して，次の不等式が成り立つことを示せ．
$$\frac{e^b - e^a}{b - a} < \frac{e^c - e^a}{c - a} < \frac{e^c - e^b}{c - b}.$$

□ 第2.4節，第2.5節の問題

1. 次の関数に $n=4$ としてマクローリンの定理を適用せよ．

(1) $\cos x$ (2) $\dfrac{1}{1+x}$ (3) $\log(1+x)$ (4) $\dfrac{1}{\sqrt{1-x}}$

2. 次の極限を求めよ．

(1) $\displaystyle\lim_{x\to 0}\dfrac{x-\sin x}{x(1-\cos x)}$ (2) $\displaystyle\lim_{x\to 0}\left[\dfrac{1}{\log(1+x)}-\dfrac{1}{x}\right]$

(3) $\displaystyle\lim_{x\to +0}\dfrac{e^{\sqrt{x}}-\sqrt{x}-1}{x}$ (4) $\displaystyle\lim_{x\to 0}\dfrac{x(e^{2x}-1-2x-2x^2)}{(1-\cos x)^2}$

(5) $\displaystyle\lim_{x\to +0} x^a \log x \quad (a>0)$ (6) $\displaystyle\lim_{x\to\infty}\dfrac{x^n}{e^x} \quad (n=1,2,\ldots)$

(7) $\displaystyle\lim_{x\to\infty} x\,\mathrm{Arctan}\,\dfrac{1}{x}$ (8) $\displaystyle\lim_{x\to 1}(1-x)\tan\dfrac{\pi x}{2}$

3. $\log f(x)$ の極限を利用して，$f(x)$ の極限を求めよ．

(1) $\displaystyle\lim_{x\to +0} x^x$ (2) $\displaystyle\lim_{x\to\infty}(1+x^2)^{\frac{1}{\log x}}$

(3) $\displaystyle\lim_{x\to 0}(\cos x)^{1/x^2}$ (4) $\displaystyle\lim_{x\to 0}\left(\dfrac{a^x+b^x}{2}\right)^{1/x} \quad (a,b>0)$

4. $f''(x)$ は連続とする．テイラーの定理を利用して，次を示せ．
$$f''(a)=\lim_{h\to 0}\dfrac{f(a+h)+f(a-h)-2f(a)}{h^2}.$$

5. $n=3$ としたマクローリンの定理を用いて，次を示せ．
$$0.941764 < e^{-0.06} < 0.9418$$

第3章 一変数の積分

3.1 定積分と不定積分・原始関数

■ 定積分

閉区間 $[a,b]$ 上で定義された関数 $y = f(x)$ が連続であるとする．このとき，右図のように，$y = f(x)$ のグラフ，x 軸，及び直線 $x = a$, $x = b$ で囲まれる部分のうち，x 軸より上の部分の面積を正，x 軸より下の部分の面積を負として足し合わせた値を

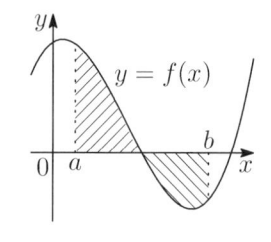

$$\int_a^b f(x)\,dx$$

と表し，関数 $f(x)$ の閉区間 $[a,b]$ における**定積分**と呼ぶ．以上では $a < b$ のときのみを考えたが，

$$a > b \text{ のとき} \int_a^b f(x)\,dx = -\int_b^a f(x)\,dx, \quad \int_a^a f(x)\,dx = 0$$

と定義すると，実数 a, b, c の大小関係にかかわらず

$$\int_a^b f(x)\,dx + \int_b^c f(x)\,dx = \int_a^c f(x)\,dx$$

が成り立つことは容易に確かめられる．

■ 不定積分・原始関数

考える関数が 1 次関数ならば，その定積分は三角形の面積であるからすぐ

に求められる．しかし，その他の関数の定積分はどのようにすれば求められるだろうか．その答えが，以下で述べる微分積分学の基本定理 (定理 3.1.2) である．それを示すために，一つ定理を準備しよう．

関数 $f(x)$ を区間 I 上連続とし，$a \in I$ とする．すると，各 $x \in I$ に対して $\int_a^x f(t)\,dt$ が存在する．よって，これも x についての関数と見なせる．この関数の微分に関し，次の定理が成り立つ．

定理 3.1.1 関数 $f(x)$ は区間 I 上連続とし，$a \in I$ とする．このとき，任意の $x \in I$ に対して次が成り立つ．
$$\frac{d}{dx}\int_a^x f(t)\,dt = f(x).$$

【証明】関数 $\Phi(x)$ を $\Phi(x) = \int_a^x f(t)\,dt$ で定義する．求めたいのはこの関数 $\Phi(x)$ の微分，即ち
$$\frac{\Phi(x+h) - \Phi(x)}{h} = \frac{1}{h}\int_x^{x+h} f(t)\,dt$$
で $h \to 0$ としたときの極限である．以下，$x \in I$ は一つ固定する．初めに $h > 0$ のときについて考えよう．今，t についての関数 $f(t)$ は閉区間 $x \leq t \leq x+h$ で連続だから，特に最大値・最小値が存在する (定理 1.2.12)．そこでその最大値を $M(h)$，最小値を $m(h)$ とおこう．すると，図 3.1 により $h\,m(h) \leq \int_x^{x+h} f(t)\,dt \leq h\,M(h)$，即ち
$$m(h) \leq \frac{1}{h}\int_x^{x+h} f(t)\,dt \leq M(h) \tag{3.1}$$
となる．$h < 0$ のときも同様にして (3.1) が分かる．さて，関数 f は連続なので，$h \to 0$ のとき $M(h)$ と $m(h)$ は $f(x)$ に収束する (図 3.1 参照)．よって，式 (3.1) で $h \to 0$ とすると，はさみうちの原理 (定理 1.2.4) により
$$\lim_{h \to 0}\frac{1}{h}\int_x^{x+h} f(t)\,dt = f(x), \quad 即ち \quad \Phi'(x) = f(x)$$
が成り立つ． ∎

一般に，関数 $f(x)$ に対して，$F'(x) = f(x)$ をみたす関数 $F(x)$ を，$f(x)$ の**原始関数**という．$F(x)$ と $G(x)$ がともに $f(x)$ の原始関数ならば，

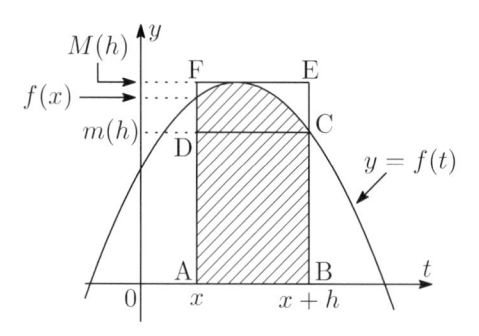

図 3.1: 斜線部分と長方形 ABCD・ABEF を比較.

$$\{G(x) - F(x)\}' = G'(x) - F'(x) = f(x) - f(x) = 0$$

なので，定理 2.2.5 より，ある定数 C を用いて

$$G(x) - F(x) = C \quad \text{即ち}，\quad G(x) = F(x) + C$$

と表せる．従って，$f(x)$ の原始関数の一つを $F(x)$ とすると，$f(x)$ の任意の原始関数は $F(x) + C$ と書ける．これを $f(x)$ の**不定積分**といい $\int f(x)\,dx$ で表す．つまり，

$$\int f(x)\,dx = F(x) + C.$$

右辺の C を**積分定数**という．また，$f(x)$ の原始関数を求めることを $f(x)$ を**積分**するという．

さて，関数 $f(x)$ は区間 I で連続とする．このとき，定理 3.1.1 により x の関数 $\int_a^x f(t)\,dt$ は関数 $f(x)$ の原始関数である．よって，上の議論により $f(x)$ の任意の原始関数 $F(x)$ はある定数 C を用いて

$$F(x) = \int_a^x f(t)\,dt + C \quad (x \in I)$$

と表される．上式で $x = a$ とすると $C = F(a)$ となる．従って

$$\int_a^x f(t)\,dt = F(x) - C = F(x) - F(a) \quad (x \in I)$$

が成り立つ．ここで x を b とおくことで次の定理が得られる．

定理 3.1.2　微分積分学の基本定理　関数 $f(x)$ は区間 I 上連続とし，関数 $F(x)$ を $f(x)$ の原始関数とする．このとき，任意の $a, b \in I$ に対して

$$\int_a^b f(x)\,dx = F(b) - F(a)$$

が成り立つ．なお，右辺の $F(b) - F(a)$ を $[F(x)]_a^b$ または $[F(x)]_{x=a}^{x=b}$ と表す．

　この定理により，定積分 $\int_a^b f(x)\,dx$ の値は，もし $f(x)$ の原始関数 $F(x)$ が見つかれば容易に求められる．そこで以下，この節と次節で様々な関数の原始関数を求めてみよう．ただし，そこでは積分定数を省略する．

　なお，$\int 1\,dx$ を $\int dx$ と，$\int \frac{1}{g(x)}\,dx$ を $\int \frac{dx}{g(x)}$ と表すこともある．定積分についても同様である．

例 3.1.3　右辺を微分することにより次の式が得られる．微分については導関数一覧 (30 ページ) を参照のこと．

$$\int x^a\,dx = \frac{1}{a+1} x^{a+1}\ (a \neq -1),\quad \int \frac{dx}{x} = \log|x|,\quad \int e^x\,dx = e^x,$$

$$\int \cos x\,dx = \sin x,\quad \int \sin x\,dx = -\cos x,\quad \int \frac{dx}{\cos^2 x} = \tan x,$$

$$\int \frac{dx}{\sqrt{1-x^2}} = \operatorname{Arcsin} x,\quad \int \frac{dx}{1+x^2} = \operatorname{Arctan} x.$$

　次の定理は，微分に関する定理 2.1.2 (i) から容易に示される．

定理 3.1.4　関数 $f(x), g(x)$ が連続で，c_1, c_2 が定数のとき，次が成り立つ．

$$\int \bigl(c_1 f(x) + c_2 g(x)\bigr)\,dx = c_1 \int f(x)\,dx + c_2 \int g(x)\,dx.$$

■ **部分積分法・置換積分法**

　与えられた関数の原始関数を直接求めるのは一般には難しい．そのため，原始関数を求めるための技法がいくつか知られている．最も基本的なのは，ここで挙げる部分積分法と置換積分法である．

定理 3.1.5　部分積分法　関数 $f(x), g(x)$ は微分可能であるとする．このと

き，次が成り立つ．
$$\int f'(x)g(x)\,dx = f(x)g(x) - \int f(x)g'(x)\,dx.$$

【証明】まず積の微分の公式 (定理 2.1.2 (ii)) より
$$\frac{d}{dx}\bigl(f(x)g(x)\bigr) = f'(x)g(x) + f(x)g'(x),$$
即ち
$$\int \bigl(f'(x)g(x) + f(x)g'(x)\bigr)\,dx = f(x)g(x)$$
が成り立つ．左辺に対して定理 3.1.4 を適用すると
$$\int f'(x)g(x)\,dx + \int f(x)g'(x)\,dx = f(x)g(x)$$
となる．あとは左辺第 2 項を右辺に移項すれば欲しい等式が得られる．

部分積分法を使って原始関数を求めてみよう．例えば，
$$\int x\cos x\,dx = \int x(\sin x)'\,dx = x\sin x - \int (x)'\sin x\,dx$$
$$= x\sin x - \int \sin x\,dx = x\sin x + \cos x.$$

なお，$x\sin x + \cos x$ を微分すれば確かに $x\cos x$ となる．

例 3.1.6 $\log x$ の原始関数も部分積分法で求められる．
$$\int \log x\,dx = \int 1\cdot\log x\,dx = \int (x)'\log x\,dx$$
$$= x\log x - \int x(\log x)'\,dx = x\log x - \int x\cdot\frac{1}{x}\,dx$$
$$= x\log x - \int 1\,dx = x\log x - x.$$

例 3.1.7 部分積分法を使って $\int \sqrt{1-x^2}\,dx$ を求めよう．
$$\frac{d}{dx}\sqrt{1-x^2} = \frac{d}{dx}(1-x^2)^{1/2} = \frac{1}{2}(1-x^2)^{-1/2}\cdot(-2x) = -\frac{x}{\sqrt{1-x^2}}$$

だから，部分積分法により

$$\int \sqrt{1-x^2}\,dx = \int (x)'\sqrt{1-x^2}\,dx = x\sqrt{1-x^2} + \int \frac{x^2}{\sqrt{1-x^2}}\,dx$$

が成り立つ．ここで，第 2 項の被積分関数に注目すると

$$\frac{x^2}{\sqrt{1-x^2}} = \frac{-(1-x^2)+1}{\sqrt{1-x^2}} = -\sqrt{1-x^2} + \frac{1}{\sqrt{1-x^2}}$$

だから，

$$\int \sqrt{1-x^2}\,dx = x\sqrt{1-x^2} - \int \sqrt{1-x^2}\,dx + \int \frac{dx}{\sqrt{1-x^2}}$$

が分かる．右辺第 2 項を左辺に移項し，その後両辺を 2 で割ると

$$\int \sqrt{1-x^2}\,dx = \frac{1}{2}x\sqrt{1-x^2} + \frac{1}{2}\int \frac{dx}{\sqrt{1-x^2}}$$
$$= \frac{1}{2}x\sqrt{1-x^2} + \frac{1}{2}\operatorname{Arcsin} x$$

が成り立つ．なお，最後の等号では例 3.1.3 を用いた．

変数 x についての積分を，別の変数の積分に置き換えることによって求めるのが，次の置換積分法である．

定理 3.1.8　置換積分法　$x = x(t)$ が微分可能で，しかも導関数 $x'(t)$ が連続ならば，次が成り立つ．

$$\int f(x)\,dx = \int f(x(t))x'(t)\,dt. \tag{3.2}$$

注意 3.1.9　$x'(t) = \dfrac{dx}{dt}$ を形式的に $dx = x'(t)\,dt$ と書き表すと，式 (3.2) が使いやすい．

【定理 3.1.8 の証明】$F(x)$ を $f(x)$ の原始関数とする．$F(x(t))$ を t について微分すると，合成関数の微分の公式 (定理 2.1.3) より

$$\frac{d}{dt}F(x(t)) = F'(x(t))x'(t) = f(x(t))x'(t).$$

よって，

$$\int f\bigl(x(t)\bigr)x'(t)\,dt = F\bigl(x(t)\bigr) = \int f(x)\,dx \quad (x = x(t))$$

が成り立つ.

置換積分法を使って原始関数を求めてみよう.

例 3.1.10 (i) $\int (2x+1)^4\,dx$ を求める. $t = 2x+1$, 即ち $x = \dfrac{t-1}{2}$ とすると $dx/dt = 1/2$ だから, 式 (3.2) より

$$\int (2x+1)^4\,dx = \int t^4 \frac{1}{2}\,dt = \frac{1}{2}\cdot\frac{1}{5}t^5 = \frac{1}{10}(2x+1)^5.$$

(ii) より一般に, $\int f(ax+b)\,dx\ (a \neq 0)$ を求めてみる. $F(t)$ を $f(t)$ の原始関数とする. ここで $t = ax+b$, 即ち $x = (t-b)/a$ と置換すると, $dx/dt = 1/a$ だから

$$\int f(ax+b)\,dx = \int f(t)\frac{1}{a}\,dt = \frac{1}{a}F(t) = \frac{1}{a}F(ax+b). \tag{3.3}$$

これは大変便利な式である. 上の例(i)だと $f(t) = t^4$ だから $F(t) = t^5/5$ となり,

$$\int (2x+1)^4\,dx = \frac{1}{2}\cdot\frac{1}{5}(2x+1)^5 = \frac{1}{10}(2x+1)^5$$

が容易に分かる. 他にも,

$$\int e^{-x}\,dx = -e^{-x}, \quad \int \cos(ax+b)\,dx = \frac{1}{a}\sin(ax+b)\ (a \neq 0)$$

などが分かる. 勿論, (i)のように直接 $t = ax+b$ と置換して原始関数を求めても構わない.

注意 3.1.11 式 (3.3) を使って $\int (x+1)^2\,dx$ を求めると,
$$\int (x+1)^2\,dx = \frac{1}{3}(x+1)^3 = \frac{1}{3}x^3 + x^2 + x + \frac{1}{3}.$$

一方, 被積分関数を展開してから計算すると

$$\int (x+1)^2\,dx = \int (x^2 + 2x + 1)\,dx = \frac{1}{3}x^3 + x^2 + x.$$

この 2 式の右辺には 1/3 の違いがある．一般に，積分定数を省略すると，異なる方法で積分したとき得られた結果に定数の差が生じることがある．

例 3.1.12 $\displaystyle\int \frac{dx}{\sqrt{a^2-x^2}}$ $(a>0)$ を置換積分で求める．$x=at$ と置換積分すると $dx/dt=a$ であるから，例 3.1.3 により

$$\int \frac{dx}{\sqrt{a^2-x^2}} = \int \frac{1}{\sqrt{a^2-(at)^2}} \cdot a\,dt = \int \frac{dt}{\sqrt{1-t^2}}$$
$$= \operatorname{Arcsin} t = \operatorname{Arcsin} \frac{x}{a}.$$

同様にして，例 3.1.3，例 3.1.7 により

$$\int \frac{dx}{a^2+x^2} = \frac{1}{a}\operatorname{Arctan}\frac{x}{a},$$
$$\int \sqrt{a^2-x^2}\,dx = \frac{1}{2}x\sqrt{a^2-x^2} + \frac{a^2}{2}\operatorname{Arcsin}\frac{x}{a}.$$

例 3.1.13 置換積分法は，式 (3.2) の右辺から左辺へと式変形することも多い．即ち

$$\int f(u(x))u'(x)\,dx = \int f(u)\,du \quad (u=u(x)).$$

例えば，$u=x^2$ とおくと $du=2x\,dx$ だから，

$$\int 2xe^{-x^2}\,dx = \int e^{-u}\,du = -e^{-u} = -e^{-x^2}.$$

例 3.1.14 上の例 3.1.13 で $f(u)=u^a$ とすることで

$$\int u(x)^a u'(x)\,dx = \begin{cases} \dfrac{1}{a+1}u(x)^{a+1} & (a\neq -1), \\ \log|u(x)| & (a=-1) \end{cases}$$

が分かる．具体例としては，

$$\int x\sqrt{x^2+1}\,dx = \frac{1}{2}\int (x^2+1)'\,(x^2+1)^{1/2}\,dx = \frac{1}{3}(x^2+1)^{3/2},$$

$$\int \tan x \, dx = \int \frac{\sin x}{\cos x} \, dx = -\int \frac{(\cos x)'}{\cos x} \, dx = -\log|\cos x|,$$

$$\int \frac{2x}{(x^2+c^2)^s} \, dx = \int \frac{(x^2+c^2)'}{(x^2+c^2)^s} \, dx = \begin{cases} \log(x^2+c^2) & (s=1), \\ \dfrac{-1}{(s-1)(x^2+c^2)^{s-1}} & (s \neq 1). \end{cases}$$

ただし,最後の例は c を定数とした.また,最後の例は次節で学ぶ有理式の積分の際にも有用な式である.

上で述べた定理 3.1.4,部分積分法 (定理 3.1.5),及び置換積分法 (定理 3.1.8) はいずれも原始関数に関するものであるが,定理 3.1.2 を用いることで,これらはいずれも定積分に対しても成り立つことが分かる.

定理 3.1.15 (i) 定数 c_1, c_2 に対し,次が成り立つ.

$$\int_a^b \bigl(c_1 f(x) + c_2 g(x)\bigr) \, dx = c_1 \int_a^b f(x) \, dx + c_2 \int_a^b g(x) \, dx.$$

(ii) (**部分積分法**)

$$\int_a^b f'(x) g(x) \, dx = \Bigl[f(x) g(x)\Bigr]_a^b - \int_a^b f(x) g'(x) \, dx.$$

(iii) (**置換積分法**) $x = x(t)$ が t の関数として区間 $[\alpha, \beta]$ で微分可能で,$a = x(\alpha)$, $b = x(\beta)$ であり,しかも導関数 $x'(t)$ が連続ならば,

$$\int_a^b f(x) \, dx = \int_\alpha^\beta f\bigl(x(t)\bigr) x'(t) \, dt.$$

なお,置換積分法を用いる際,一般には積分する区間が変わることに注意すること.

例 3.1.16 $I = \int_0^{1/2} \sqrt{1-x^2} \, dx$ を求める.$x = \sin\theta$ とおくと,θ が 0 から $\pi/6$ まで動けば,x は 0 から $1/2$ まで動く:

x	$0 \to 1/2$
θ	$0 \to \pi/6$

また $0 \leq \theta \leq \pi/6$ のとき $\cos\theta \geq 0$ であるから

$$\sqrt{1-x^2} = \sqrt{1-\sin^2\theta} = \sqrt{\cos^2\theta} = |\cos\theta| = \cos\theta.$$

これと $\dfrac{dx}{d\theta} = \cos\theta$ とをあわせて

$$\begin{aligned}
I &= \int_0^{\pi/6} \cos\theta\cos\theta\,d\theta \\
&= \int_0^{\pi/6} \frac{\cos 2\theta + 1}{2}\,d\theta = \left[\frac{\sin 2\theta}{4} + \frac{\theta}{2}\right]_0^{\pi/6} = \frac{\sqrt{3}}{8} + \frac{\pi}{12}.
\end{aligned}$$

勿論,例 3.1.7 で既に求めている $\sqrt{1-x^2}$ の原始関数を用いてもよい.

基本的な関数の原始関数一覧

$\displaystyle\int x^a\,dx = \frac{1}{a+1}x^{a+1}\ (a \neq -1),\quad \int \frac{dx}{x} = \log|x|$ （例 3.1.3）

$\displaystyle\int e^x\,dx = e^x$ （例 3.1.3）

$\displaystyle\int \cos x\,dx = \sin x,\quad \int \sin x\,dx = -\cos x$ （例 3.1.3）

$\displaystyle\int \frac{dx}{\cos^2 x} = \tan x$ （例 3.1.3）

$\displaystyle\int \log x\,dx = x\log x - x$ （例 3.1.6）

$\displaystyle\int \frac{dx}{a^2+x^2} = \frac{1}{a}\operatorname{Arctan}\frac{x}{a}$ （例 3.1.12）

$\displaystyle\int \frac{dx}{\sqrt{a^2-x^2}} = \operatorname{Arcsin}\frac{x}{a}\ (a>0)$ （例 3.1.12）

$\displaystyle\int \frac{dx}{\sqrt{x^2+c}} = \log\bigl|x+\sqrt{x^2+c}\bigr|$ （例 3.2.8）

$\displaystyle\int \sqrt{a^2-x^2}\,dx = \frac{x}{2}\sqrt{a^2-x^2} + \frac{a^2}{2}\operatorname{Arcsin}\frac{x}{a}\ (a>0)$ （例 3.1.12）

$\displaystyle\int \sqrt{x^2+c}\,dx = \frac{x}{2}\sqrt{x^2+c} + \frac{c}{2}\log\bigl|x+\sqrt{x^2+c}\bigr|$

3.2 様々な関数の原始関数の計算

■ 有理式の原始関数

$P(x), Q(x)$ が x の多項式のとき，$Q(x)/P(x)$ の形の式を x の**有理式**と呼ぶ．この節では，有理式の原始関数を求める方法を学ぼう．まず，単純な有理式の原始関数をいくつか紹介しておこう．

例 3.2.1 $t = x - a$ で変数変換し（または式 (3.3) を使い），$1/t^m = t^{-m}$ に注意すれば，例 3.1.3 の第 1 式により正の整数 m に対して次が成り立つ．

$$\int \frac{dx}{(x-a)^m} = \begin{cases} \log|x-a| & (m=1), \\ \dfrac{-1}{(m-1)(x-a)^{m-1}} & (m \neq 1). \end{cases} \tag{3.4}$$

例 3.2.2 置換積分法により被積分関数を簡単にできる．例えば，

$$\begin{aligned}\int \frac{dx}{x^2 - 2x + 5} &= \int \frac{dx}{(x-1)^2 + 4} \\ &= \int \frac{dt}{t^2 + 4} \quad (t = x - 1 \text{ と置換}) \\ &= \frac{1}{2} \operatorname{Arctan} \frac{t}{2} = \frac{1}{2} \operatorname{Arctan} \frac{x-1}{2}.\end{aligned}$$

なお，最後から 2 番目の等号では例 3.1.12 を用いた．

さて，より複雑な有理式の積分について考えよう．一般に実数係数の有理式は以下の形の分数式の和で表すことができる．

$$\text{(i) 多項式,} \quad \text{(ii) } \frac{A}{(x-a)^m}, \quad \text{(iii) } \frac{Bx+C}{((x-b)^2 + c^2)^n}. \tag{3.5}$$

ここで m, n は正の整数で $c > 0$．このような分解を有理式の**部分分数分解**という．有理式の原始関数は，部分分数分解を行うことで求められる．以下，いくつかの実例を通して説明しよう．なお，実際には有理式 $Q(x)/P(x)$ において，$P(x)$ を実数の範囲で因数分解したとき因数 $(x-a)^m$ をもてば，$Q(x)/P(x)$

の部分分数分解には
$$\frac{A_1}{x-a} + \frac{A_2}{(x-a)^2} + \cdots + \frac{A_m}{(x-a)^m}$$
なる項が出てくる．また，$P(x)$ が因数 $((x-b)^2+c^2)^n$ をもてば，$Q(x)/P(x)$ の部分分数分解には
$$\frac{B_1x+C_1}{(x-b)^2+c^2} + \frac{B_2x+C_2}{((x-b)^2+c^2)^2} + \cdots + \frac{B_nx+C_n}{((x-b)^2+c^2)^n}$$
なる項が出る．

例 3.2.3 まず，有理式の分子の次数が分母の次数以上のときは割り算を実行する．例えば
$$f(x) = \frac{x^3-2x-5}{x^2+x-2}$$
のときは，$x^3-2x-5 = (x-1)(x^2+x-2) + x-7$ であるから
$$f(x) = x-1 + \frac{x-7}{x^2+x-2}.$$
上式の最後の項の部分分数分解をすればよい．次に分母の多項式を実数の範囲で因数分解する．上の場合は $x^2+x-2 = (x+2)(x-1)$ であるから，右辺の最後の項を
$$\frac{x-7}{(x+2)(x-1)} = \frac{A}{x+2} + \frac{B}{x-1} \tag{3.6}$$
とおき A, B を決める．式 (3.6) の両辺に $(x+2)(x-1)$ をかけて
$$x-7 = A(x-1) + B(x+2). \tag{3.7}$$
これに $x=-2$ を代入すると $A=3$ が得られ，また $x=1$ を代入すると $B=-2$ が得られる．あるいは，式 (3.7) の右辺を整理して
$$x-7 = (A+B)x + (-A+2B)$$
とし，各係数を比較して $1 = A+B$, $-7 = -A+2B$, これを解いて $A=3$, $B=-2$ としてもよい．いずれにしても，
$$\frac{x-7}{(x+2)(x-1)} = \frac{3}{x+2} - \frac{2}{x-1}$$

が分かる．以上により，

$$\int f(x)\,dx = \int \left(x - 1 + \frac{3}{x+2} - \frac{2}{x-1}\right) dx$$
$$= \frac{1}{2}x^2 - x + 3\log|x+2| - 2\log|x-1|.$$

例 3.2.4 $\dfrac{5x-1}{(x-2)(x+1)^2}$ の原始関数を求めよう．このときには，

$$\frac{5x-1}{(x-2)(x+1)^2} = \frac{A}{x-2} + \frac{B}{x+1} + \frac{C}{(x+1)^2}$$

をみたす A, B, C を求めればよい．例えば両辺に $(x-2)(x+1)^2$ をかけてこれを求めると，$A = 1$, $B = -1$, $C = 2$ となる．よって

$$\int \frac{5x-1}{(x-2)(x+1)^2}\,dx = \int \left(\frac{1}{x-2} - \frac{1}{x+1} + \frac{2}{(x+1)^2}\right) dx$$
$$= \log|x-2| - \log|x+1| - \frac{2}{x+1}.$$

例 3.2.5 $\dfrac{9x-8}{(x+2)(x^2+9)}$ の原始関数を求めよう．このときは，

$$\frac{9x-8}{(x+2)(x^2+9)} = \frac{A}{x+2} + \frac{Bx+C}{x^2+9}$$

をみたす A, B, C を求めればよい．例えば両辺に $(x+2)(x^2+9)$ をかけてこれを求めると，$A = -2$, $B = 2$, $C = 5$ となる．よって，

$$\int \frac{9x-8}{(x+2)(x^2+9)}\,dx = \int \left(-\frac{2}{x+2} + \frac{2x+5}{x^2+9}\right) dx$$
$$= -2\int \frac{dx}{x+2} + \int \frac{2x}{x^2+9}\,dx + 5\int \frac{dx}{x^2+9}$$
$$= -2\log|x+2| + \log(x^2+9) + \frac{5}{3}\mathrm{Arctan}\frac{x}{3}.$$

なお，最後の等号では例 3.1.14 と例 3.1.12 を用いた．

ここまでの例で見たように，有理式の積分は (3.5) の式の積分に帰着される．ここで(i)多項式の積分は容易に分かる．また，(ii) $A/(x-a)^m$ の積分は式 (3.4) で既に求めた．(iii)の $n = 1$ の場合は上の例で既に現れているが，ここで

一般の場合を考えてみよう．(iii)において $x - b = t$ と変換すると $dx/dt = 1$ だから，

$$\int \frac{Bx + C}{((x-b)^2 + c^2)^n} dx = \int \frac{B(t+b) + C}{(t^2 + c^2)^n} dt = \int \frac{Bt + Bb + C}{(t^2 + c^2)^n} dt$$

$$= \frac{B}{2} \int \frac{2t}{(t^2 + c^2)^n} dt + (Bb + C) \int \frac{dt}{(t^2 + c^2)^n}$$

となる．ここで最後の式中の第1項の積分は，例 3.1.14 で既に扱った．また，第2項についても $n = 1$ の場合は例 3.1.12 で分かっている．そして $n \geq 1$ に対しては

$$\int \frac{dt}{(t^2 + c^2)^{n+1}} = \frac{1}{2nc^2} \left(\frac{t}{(t^2 + c^2)^n} + (2n - 1) \int \frac{dt}{(t^2 + c^2)^n} \right) \qquad (3.8)$$

が成り立つので，第2項はこの式を使うことで帰納的に求められる．以下，この式 (3.8) を示そう．まず，部分積分により

$$\int \frac{dt}{(t^2 + c^2)^n} = \int (t)' \frac{1}{(t^2 + c^2)^n} dt = \frac{t}{(t^2 + c^2)^n} + \int t \frac{2nt}{(t^2 + c^2)^{n+1}} dt$$

$$= \frac{t}{(t^2 + c^2)^n} + 2n \int \frac{(t^2 + c^2) - c^2}{(t^2 + c^2)^{n+1}} dt$$

$$= \frac{t}{(t^2 + c^2)^n} + 2n \int \frac{dt}{(t^2 + c^2)^n} - 2nc^2 \int \frac{dt}{(t^2 + c^2)^{n+1}}$$

が分かる．ここで右辺第3項を左辺に，左辺を右辺に移項して整理すると，式 (3.8) となる．

例 3.2.6 以下の積分は式 (3.8) などを用いて以下のように求められる．

$$\int \frac{x + 8}{(x^2 + 4)^2} dx = \frac{1}{2} \int \frac{2x}{(x^2 + 4)^2} dx + 8 \int \frac{dx}{(x^2 + 4)^2}$$

$$= -\frac{1}{2(x^2 + 4)} + 8 \cdot \frac{1}{8} \left(\frac{x}{x^2 + 4} + \int \frac{dx}{x^2 + 4} \right)$$

$$= \frac{2x - 1}{2(x^2 + 4)} + \frac{1}{2} \operatorname{Arctan} \frac{x}{2}.$$

■ 根号を含む式の原始関数

根号を含む式の原始関数はいつでも計算できるとは限らない．ここでは，根号を含む式の原始関数のうち，有理式の積分を応用することにより計算できるものを紹介する．

● 被積分関数が x と $\sqrt[n]{ax+b}\ (a \neq 0)$ の有理式のとき．

この場合，$t = \sqrt[n]{ax+b}$ とおくと

$$x = \frac{t^n - b}{a}, \qquad \frac{dx}{dt} = \frac{n}{a} t^{n-1}$$

となり t の有理式の積分に帰着できる．

例 3.2.7 $\displaystyle\int \frac{\sqrt{x-1}}{x}\,dx$ を求めよう．$t = \sqrt{x-1}$ とおくと $x = t^2 + 1$, $\dfrac{dx}{dt} = 2t$ なので

$$\int \frac{\sqrt{x-1}}{x}\,dx = \int \frac{t}{t^2+1} \cdot 2t\,dt = 2\int \left(1 - \frac{1}{t^2+1}\right) dt$$
$$= 2(t - \operatorname{Arctan} t) = 2\sqrt{x-1} - 2\operatorname{Arctan}\sqrt{x-1}.$$

● 被積分関数が x と $\sqrt{ax^2 + bx + c}\ (a > 0)$ の有理式のとき，その1．

この場合，$\sqrt{ax^2+bx+c} = t - \sqrt{a}\,x$, 即ち $t = \sqrt{ax^2+bx+c} + \sqrt{a}\,x$ とおくと，t の有理式の積分に帰着できる．具体例で見てみよう．

例 3.2.8 $\displaystyle\int \frac{dx}{\sqrt{x^2+c}}\ (c \neq 0)$ を求めよう．$\sqrt{x^2+c} = t - x$ とおく．両辺を二乗して $x^2 + c = t^2 - 2xt + x^2$. これを整理して

$$x = \frac{t^2 - c}{2t}, \qquad \frac{dx}{dt} = \frac{t^2 + c}{2t^2}, \qquad \sqrt{x^2+c} = t - x = \frac{t^2 + c}{2t}.$$

よって

$$\int \frac{dx}{\sqrt{x^2+c}} = \int \frac{2t}{t^2+c} \cdot \frac{t^2+c}{2t^2}\,dt$$
$$= \int \frac{dt}{t} = \log|t| = \log|x + \sqrt{x^2+c}|.$$

なお，$c > 0$ のときは最後の式の絶対値は不要である．

- 被積分関数が x と $\sqrt{ax^2 + bx + c}$ $(a \neq 0)$ の有理式のとき，その 2．
異なる二つの実数 α, β によって $ax^2 + bx + c = a(x - \alpha)(x - \beta)$ と表されるときは

$$t = \sqrt{\frac{a(x-\beta)}{x-\alpha}}$$

とおくと t の有理式の積分に帰着できる．なお根号の部分は

$$\sqrt{a(x-\alpha)(x-\beta)} = \sqrt{(x-\alpha)^2 \cdot \frac{a(x-\beta)}{x-\alpha}} = |x-\alpha| \, t$$

となることを注意しておく．これを用いた方法を例で学ぼう．

例 3.2.9 $\displaystyle\int \frac{dx}{(4-3x)\sqrt{x(1-x)}}$ $(0 < x < 1)$ を求める．$t = \sqrt{\dfrac{1-x}{x}}$ とおくと，$t^2 = \dfrac{1-x}{x}$ より

$$x = \frac{1}{t^2+1}, \qquad \frac{dx}{dt} = -\frac{2t}{(t^2+1)^2}.$$

また，x の範囲も考慮すると

$$\sqrt{x(1-x)} = x\sqrt{\frac{1-x}{x}} = \frac{t}{1+t^2}, \qquad 4 - 3x = \frac{1+4t^2}{1+t^2}$$

となる．従って，

$$\int \frac{dx}{(4-3x)\sqrt{x(1-x)}} = -\int \frac{2}{1+4t^2} \, dt$$

$$= -\operatorname{Arctan} 2t = -\operatorname{Arctan}\left(2\sqrt{\frac{1-x}{x}}\right).$$

■ 三角関数の有理式の積分

被積分関数が $\cos x$ と $\sin x$ の有理式で書かれているときには $t = \tan(x/2)$ とおく．すると

$$\cos x = 2\cos^2\frac{x}{2} - 1 = \frac{2}{1+\tan^2(x/2)} - 1 = \frac{1-t^2}{1+t^2},$$

$$\sin x = 2\sin\frac{x}{2}\cos\frac{x}{2} = 2\tan\frac{x}{2}\cos^2\frac{x}{2} = \frac{2\tan(x/2)}{1+\tan^2(x/2)} = \frac{2t}{1+t^2}$$

となる．また，$\dfrac{dt}{dx} = \dfrac{1}{2\cos^2(x/2)} = \dfrac{1+t^2}{2}$ であるから

$$\frac{dx}{dt} = \frac{2}{1+t^2}$$

が成り立つ．よって，この置換により t の有理式の積分に帰着される．

例 3.2.10 $\displaystyle\int \frac{dx}{1+\cos x + \sin x}$ を求める．$t = \tan\dfrac{x}{2}$ とおくと

$$\cos x = \frac{1-t^2}{1+t^2}, \quad \sin x = \frac{2t}{1+t^2}, \quad dx = \frac{2}{1+t^2}\,dt.$$

これより

$$1 + \cos x + \sin x = 1 + \frac{1-t^2}{1+t^2} + \frac{2t}{1+t^2} = \frac{2(1+t)}{1+t^2}.$$

従って

$$\int \frac{dx}{1+\cos x + \sin x} = \int \frac{1+t^2}{2(1+t)} \cdot \frac{2}{1+t^2}\,dt$$
$$= \int \frac{dt}{1+t} = \log|1+t| = \log\left|1+\tan\frac{x}{2}\right|.$$

3.3 広義積分

■ **広義積分の定義**

これまでは，閉区間 $[a,b]$ 上連続な関数の積分を扱ってきたが，この節では，必ずしも閉区間上で定義されていない関数の定積分について考える．

例えば，十分小さい $\varepsilon > 0$ を一つ固定し，関数 $y = \dfrac{1}{\sqrt{x}}$ を区間 $[\varepsilon, 1]$ 上で積分すると

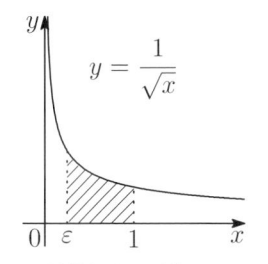

図 3.2: 斜線部分の面積は $2 - 2\sqrt{\varepsilon}$.

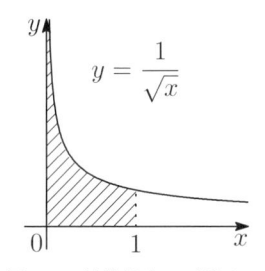

図 3.3: 斜線部分の面積は 2.

$$\int_\varepsilon^1 \frac{dx}{\sqrt{x}} = \left[2\sqrt{x}\right]_\varepsilon^1 = 2 - 2\sqrt{\varepsilon}$$

となる (図 3.2 参照). ここで $\varepsilon \to +0$ としてみると,

$$\lim_{\varepsilon \to +0} \int_\varepsilon^1 \frac{dx}{\sqrt{x}} = \lim_{\varepsilon \to +0} \left(2 - 2\sqrt{\varepsilon}\right) = 2 \tag{3.9}$$

が成り立つ. よって, 図 3.3 の斜線部分の面積は 2 と考えてよい. 従って, $y = \dfrac{1}{\sqrt{x}}$ は $x = 0$ では定義されていないが

$$\int_0^1 \frac{dx}{\sqrt{x}} = 2$$

と定めるのはごく自然であろう.

一般に, 区間 $(a, b]$ で連続な関数 $f(x)$ に対して, $\displaystyle\lim_{\alpha \to a+0} \int_\alpha^b f(x)\, dx$ が存在するとき, その値を

$$\int_a^b f(x)\, dx = \lim_{\alpha \to a+0} \int_\alpha^b f(x)\, dx \tag{3.10}$$

と表し,「関数 $f(x)$ の区間 $(a, b]$ 上での**広義積分**が収束する (または存在する)」という. 同様に, 区間 $[a, b)$ 上での広義積分

$$\int_a^b f(x)\, dx = \lim_{\beta \to b-0} \int_a^\beta f(x)\, dx \tag{3.11}$$

も, この右辺の極限が存在するときに定義される. 一方で, 式 (3.10) や (3.11) の右辺の極限が存在しないとき,「広義積分は収束しない」「広義積分は発散する」などという. 特に, $\pm\infty$ に発散するときには,「広義積分は $\pm\infty$ に発散する」という.

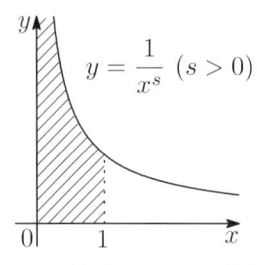

図 3.4: $\int_0^1 \dfrac{dx}{x^s} = \lim\limits_{\varepsilon \to +0} \int_\varepsilon^1 \dfrac{dx}{x^s}$.

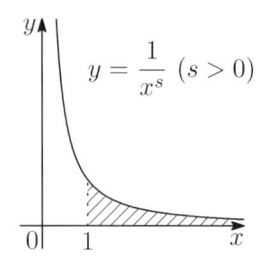

図 3.5: $\int_1^\infty \dfrac{dx}{x^s} = \lim\limits_{R \to \infty} \int_1^R \dfrac{dx}{x^s}$.

例 3.3.1

$$\int_0^1 \frac{dx}{x^s} = \begin{cases} \dfrac{1}{1-s} & (s < 1), \\ \infty & (s \geq 1) \end{cases} \tag{3.12}$$

が成り立つ (図 3.4 参照)．これを示そう．$s \neq 1$ のとき

$$\int_\varepsilon^1 \frac{dx}{x^s} = \left[\frac{x^{1-s}}{1-s}\right]_{x=\varepsilon}^{x=1} = \frac{1-\varepsilon^{1-s}}{1-s}.$$

ここで $1-s > 0$, 即ち $s < 1$ のとき, $\varepsilon^{1-s} \to 0 \ (\varepsilon \to +0)$. よって

$$\int_0^1 \frac{dx}{x^s} = \lim_{\varepsilon \to +0} \int_\varepsilon^1 \frac{dx}{x^s} = \lim_{\varepsilon \to +0} \frac{1-\varepsilon^{1-s}}{1-s} = \frac{1}{1-s}.$$

一方，$1-s < 0$, 即ち $s > 1$ のときは $\varepsilon^{1-s} \to \infty \ (\varepsilon \to +0)$. よって

$$\int_0^1 \frac{dx}{x^s} = \lim_{\varepsilon \to +0} \int_\varepsilon^1 \frac{dx}{x^s} = \lim_{\varepsilon \to +0} \frac{1-\varepsilon^{1-s}}{1-s} = \lim_{\varepsilon \to +0} \frac{\varepsilon^{1-s}-1}{s-1} = \infty.$$

また，$s = 1$ のときは

$$\int_0^1 \frac{dx}{x} = \lim_{\varepsilon \to +0} \int_\varepsilon^1 \frac{dx}{x} = \lim_{\varepsilon \to +0} \Big[\log x\Big]_\varepsilon^1 = \lim_{\varepsilon \to +0} (-\log \varepsilon) = \infty.$$

これらをまとめて (3.12) を得る．

区間 $[a, \infty)$ 上，あるいは区間 $(-\infty, b]$ 上で定義された関数に対しても広義積分が考えられる．区間 $[a, \infty)$ で連続な関数 $f(x)$ に対し，$\lim\limits_{\beta \to \infty} \int_a^\beta f(x)\,dx$ が存在するとき，その値を

$$\int_a^\infty f(x)\,dx = \lim_{\beta\to\infty}\int_a^\beta f(x)\,dx$$

と表し,「関数 $f(x)$ の区間 $[a,\infty)$ 上での広義積分が収束する (または存在する)」という. 同様に, 区間 $(-\infty,b]$ 上での広義積分

$$\int_{-\infty}^b f(x)\,dx = \lim_{\alpha\to -\infty}\int_\alpha^b f(x)\,dx$$

も, この右辺の極限が存在するときに定義される.

例 3.3.2
$$\int_1^\infty \frac{dx}{x^s} = \begin{cases} \dfrac{1}{s-1} & (s>1), \\ \infty & (s\le 1) \end{cases} \tag{3.13}$$

が成り立つことを示そう (図 3.5 参照). $s\ne 1$ のとき,

$$\int_1^R \frac{dx}{x^s} = \left[\frac{x^{1-s}}{1-s}\right]_{x=1}^{x=R} = \frac{R^{1-s}-1}{1-s}.$$

ここで $1-s<0$, 即ち $s>1$ のとき, $R^{1-s}\to 0\ (R\to\infty)$. よって

$$\int_1^\infty \frac{dx}{x^s} = \lim_{R\to\infty}\int_1^R \frac{dx}{x^s} = \lim_{R\to\infty}\frac{R^{1-s}-1}{1-s} = -\frac{1}{1-s} = \frac{1}{s-1}.$$

一方, $1-s>0$, 即ち $s<1$ のときは $R^{1-s}\to\infty\ (R\to\infty)$. よって,

$$\int_1^\infty \frac{dx}{x^s} = \lim_{R\to\infty}\int_1^R \frac{dx}{x^s} = \lim_{R\to\infty}\frac{R^{1-s}-1}{1-s} = \infty.$$

また, $s=1$ のときは

$$\int_1^\infty \frac{dx}{x} = \lim_{R\to\infty}\int_1^R \frac{dx}{x} = \lim_{R\to\infty}\bigl[\log x\bigr]_a^R = \lim_{R\to\infty}\log R = \infty.$$

以上をまとめると (3.13) となる.

注意 3.3.3 $b<c$ のとき, 広義積分

$$\int_b^c \frac{dx}{(x-b)^s},\quad \int_c^\infty \frac{dx}{(x-b)^s}$$

などの収束・発散も前の例と同様にすることで分かる. または $x-b=t$ と置換積分することで前の例に帰着することもできる.

例 3.3.4 $s>0$ とすると

$$\int_0^\infty e^{-sx}dx = \lim_{R\to\infty}\int_0^R e^{-sx}\,dx = \lim_{R\to\infty}\left[-\frac{1}{s}e^{-sx}\right]_{x=0}^{x=R}$$
$$= -\frac{1}{s}\lim_{R\to\infty}(e^{-sR}-1) = \frac{1}{s}.$$

なお，広義積分に慣れてきたら，上のような計算は以下のようにするのが簡明である．

$$\int_0^\infty e^{-sx}dx = \left[-\frac{1}{s}e^{-sx}\right]_{x=0}^{x=\infty} = \frac{1}{s}.$$

最後の等号で $\lim_{R\to\infty} e^{-sR} = 0$ を使ったのはいうまでもない．

■ 開区間での広義積分

開区間 (a,b) で連続な関数 $f(x)$ に対して，その広義積分を定義しよう．まず，$a<\alpha<\beta<b$ をみたす α,β をとり，定積分 $\int_\alpha^\beta f(x)\,dx$ を考える．ここで独立に $\alpha\to a+0$, $\beta\to b-0$ としたときの極限 $\lim_{\substack{\alpha\to a+0\\\beta\to b-0}}\int_\alpha^\beta f(x)\,dx$ が存在するとき，その値を

$$\int_a^b f(x)\,dx = \lim_{\substack{\alpha\to a+0\\\beta\to b-0}}\int_\alpha^\beta f(x)\,dx$$

と表し，「関数 $f(x)$ の区間 (a,b) における広義積分は収束する (または存在する)」という．上式右辺の極限が存在しないとき，「広義積分は収束しない (または発散する)」というのもこれまで通りである．以上のことは区間が $(-\infty,b)$, (a,∞), $(-\infty,\infty)$ の場合も同様である．

なお，$a<c<b$ をみたす実数 c を任意にとると，

$$\lim_{\substack{\alpha\to a+0\\\beta\to b-0}}\int_\alpha^\beta f(x)\,dx = \lim_{\substack{\alpha\to a+0\\\beta\to b-0}}\left(\int_\alpha^c f(x)\,dx + \int_c^\beta f(x)\,dx\right)$$

であるから，開区間 (a,b) 上の広義積分を

$$\int_a^b f(x)\,dx = \int_a^c f(x)\,dx + \int_c^b f(x)\,dx$$

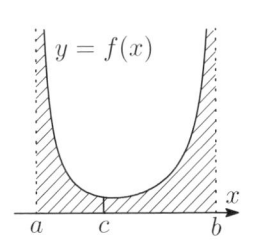

図 3.6: 区間 (a, b) 上での広義積分.

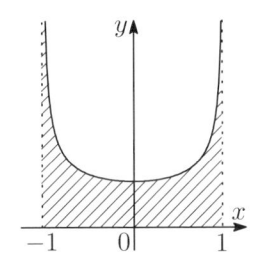

図 3.7: $y = \dfrac{1}{\sqrt{1-x^2}}$ のグラフ.

としてもよい．ただし，右辺の 2 項は共に広義積分である (図 3.6 参照)．

例 3.3.5
$$\int_{-1}^{1} \frac{dx}{\sqrt{1-x^2}} = \int_{-1}^{0} \frac{dx}{\sqrt{1-x^2}} + \int_{0}^{1} \frac{dx}{\sqrt{1-x^2}}$$
$$= \Big[\text{Arcsin}\,x\Big]_{-1}^{0} + \Big[\text{Arcsin}\,x\Big]_{0}^{1}$$
$$= -\text{Arcsin}(-1) + \text{Arcsin}\,1 = -\left(-\frac{\pi}{2}\right) + \frac{\pi}{2} = \pi.$$

この計算はもう少し簡単に，次のようにしてもよい．

$$\int_{-1}^{1} \frac{dx}{\sqrt{1-x^2}} = \Big[\text{Arcsin}\,x\Big]_{-1}^{1}$$
$$= \text{Arcsin}\,1 - \text{Arcsin}(-1) = \frac{\pi}{2} - \left(-\frac{\pi}{2}\right) = \pi.$$

なお $\int_{-1}^{1} \dfrac{dx}{\sqrt{1-x^2}}$ は，図 3.7 の斜線部分の面積に相当する．

例 3.3.6 $\displaystyle\int_{-\infty}^{\infty} \frac{2x}{1+x^2}\,dx = \int_{-\infty}^{0} \frac{2x}{1+x^2}\,dx + \int_{0}^{\infty} \frac{2x}{1+x^2}\,dx.$

右辺の第 2 項を計算すると

$$\int_{0}^{\infty} \frac{2x}{1+x^2}\,dx = \Big[\log(1+x^2)\Big]_{0}^{\infty} = \infty.$$

同様にして第 1 項は $-\infty$．これにより $\displaystyle\int_{-\infty}^{\infty} \frac{2x}{1+x^2}\,dx$ は発散する．くれぐれも $\infty - \infty$ を 0 としないよう注意すること (図 3.8 参照)．

図 3.8: $y = \dfrac{2x}{1+x^2}$ のグラフ.

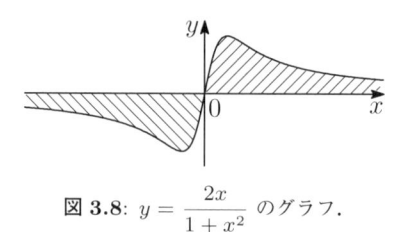

■ 不連続な点がある関数の広義積分

関数 $f(x)$ が開区間 (a,b) から $(n-1)$ 個の点 $c_1, c_2, \ldots, c_{n-1}$ $(a < c_1 < c_2 < \cdots < c_{n-1} < b)$ を除いたところで定義されていて,しかも連続であるとする (図 3.9 参照). このとき, n 個の広義積分

$$\int_a^{c_1} f(x)\,dx, \quad \int_{c_1}^{c_2} f(x)\,dx, \quad \ldots, \quad \int_{c_{n-1}}^b f(x)\,dx$$

のすべてが収束するとき,

$$\int_a^b f(x)\,dx = \int_a^{c_1} f(x)\,dx + \int_{c_1}^{c_2} f(x)\,dx + \cdots + \int_{c_{n-1}}^b f(x)\,dx$$

と定義し,「広義積分 $\int_a^b f(x)\,dx$ は収束する (または存在する)」という.

例 3.3.7 $\displaystyle\int_0^3 \dfrac{dx}{\sqrt{|x-1|}}$ を求めよう (図 3.10 参照).

被積分関数が $x = 1$ で定義されていないので

$$\int_0^3 \frac{dx}{\sqrt{|x-1|}} = \int_0^1 \frac{dx}{\sqrt{|x-1|}} + \int_1^3 \frac{dx}{\sqrt{|x-1|}}$$

と分けて考える. 右辺の二つの広義積分を計算すると

$$\int_0^1 \frac{dx}{\sqrt{|x-1|}} = \int_0^1 \frac{dx}{\sqrt{1-x}} = \left[-2\sqrt{1-x}\right]_0^1 = 2,$$

$$\int_1^3 \frac{dx}{\sqrt{|x-1|}} = \int_1^3 \frac{dx}{\sqrt{x-1}} = \left[2\sqrt{x-1}\right]_1^3 = 2\sqrt{2}.$$

これより求める値は $2 + 2\sqrt{2}$ である.

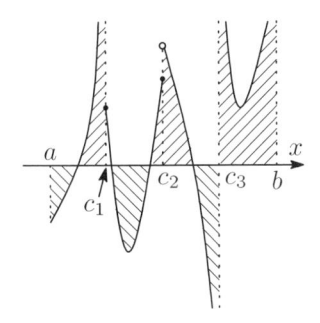

図 3.9: 不連続な点がある関数の積分．

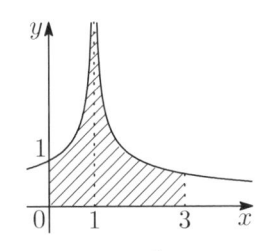

図 3.10: $y = \dfrac{1}{\sqrt{|x-1|}}$ のグラフ．

■ 広義積分の収束・発散の判定

広義積分を考える際，積分の値が具体的に分からなくても，その広義積分が収束するのか発散するのかを知ることは重要である．それらを判定するによく用いられるのが以下の2定理である．

定理 3.3.8 関数 $f(x)$ は区間 $[a,b)$ 上で連続であるとする．このとき，以下の条件(i), (ii)をみたす関数 $g(x)$ が存在すれば，広義積分 $\int_a^b f(x)\,dx$ は収束する．

(i) すべての $a \leq x < b$ に対して $|f(x)| \leq g(x)$．

(ii) 広義積分 $\int_a^b g(x)\,dx$ は収束する．

注意 3.3.9 直感的には，以下のように考えればよい．定理 3.3.8 中の条件(i)より，
$$\int_a^b |f(x)|\,dx \leq \int_a^b g(x)\,dx$$
となる．これと条件(ii)より $\int_a^b |f(x)|\,dx$ も収束し，故に $\int_a^b f(x)\,dx$ も収束するのである (図 3.11 参照)．この定理を使う際の難しさは，被積分関数 $f(x)$ に対して，条件をみたす関数 $g(x)$ を自分で探すところにある．

注意 3.3.10 この定理 3.3.8 と以下で述べる定理 3.3.12 は，区間 $[a,b)$ 上での広義積分だけでなく，いかなる区間上の広義積分に対しても成り立つ．

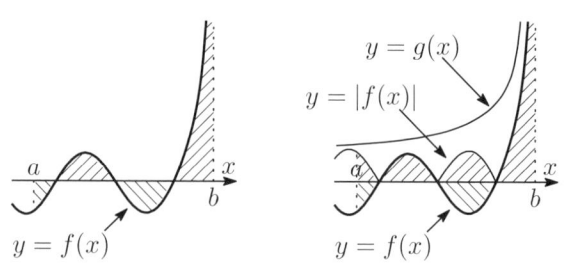

図 3.11: 左図の $y=f(x)$ に対し，$y=|f(x)|$ や条件(i)をみたす $y=g(x)$ のグラフは右図のようになる．

例 3.3.11 $\displaystyle\int_1^\infty \frac{\sin x}{x^4}\,dx$ が収束することを，定理 3.3.8 を使って示そう．条件

(i) $\left|\dfrac{\sin x}{x^4}\right| \leq g(x)\ (x \geq 1)$, (ii) $\displaystyle\int_1^\infty g(x)\,dx$ は収束

をみたすような関数 $g(x)$ を見つければよい．$|\sin x| \leq 1$ より $|(\sin x)/x^4| \leq x^{-4}$ が成り立つ．そこで $g(x) = x^{-4}$ としよう．このとき条件(i)は成り立つ．また，式 (3.13) により $\displaystyle\int_1^\infty g(x)\,dx = \int_1^\infty x^{-4}\,dx$ は収束するから条件(ii)も成り立つ．よって定理 3.3.8 により，$\displaystyle\int_1^\infty \frac{\sin x}{x^4}\,dx$ も収束する．

定理 3.3.12 区間 $[a,b)$ 上の連続関数 $f(x)$ が $f(x) \geq 0$ をみたすとする．このとき，以下の条件(i), (ii)をみたす関数 $g(x)$ が存在すれば，広義積分 $\displaystyle\int_a^b f(x)\,dx$ は発散する．

(i) すべての $a \leq x < b$ に対して $f(x) \geq g(x) \geq 0$.

(ii) 広義積分 $\displaystyle\int_a^b g(x)\,dx$ は発散する．

注意 3.3.13 直感的には，この定理 3.3.12 中の 2 条件(i), (ii)から

$$\int_a^b f(x)\,dx \geq \int_a^b g(x)\,dx = \infty$$

となるから，定理の主張が成り立つのである (図 3.12 参照)．なお，この定理でも関数 $g(x)$ は自分で見つける必要がある．

例 3.3.14 $\displaystyle\int_0^{\pi/3} \frac{\cos x}{x}\,dx$ が発散することを，定理 3.3.12 を用いて示そう．

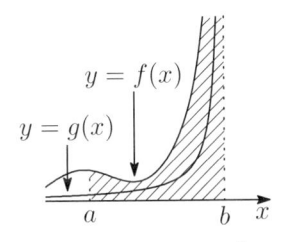

図 3.12: 斜線部分の面積が $\int_a^b f(x)\,dx$.

条件

(i) $\dfrac{\cos x}{x} \geq g(x) \geq 0 \ \left(0 < x \leq \dfrac{\pi}{3}\right)$, (ii) $\int_0^{\pi/3} g(x)\,dx$ は発散

をみたすような関数 $g(x)$ を見つければよい．$0 < x \leq \pi/3$ のとき $\cos x \geq 1/2$ であるから $(\cos x)/x \geq 1/2x$．そこで $g(x) = 1/2x$ とおこう．すると条件(i)は確かに成り立つ．また，式 (3.12) より $\int_0^{\pi/3} g(x)\,dx = \int_0^{\pi/3} (1/2x)\,dx$ は発散するので条件(ii)も成り立つ．よって定理 3.3.12 より $\int_0^{\pi/3} \dfrac{\cos x}{x}\,dx$ も発散する．

3.4 ガンマ関数とベータ関数，その 1

ここでは実用上よく現れるガンマ関数 $\Gamma(s)$ とベータ関数 $B(p,q)$ について，それらの初歩的な性質を学ぶことにする．

$s > 0$ に対して**ガンマ関数** $\Gamma(s)$ を

$$\Gamma(s) = \int_0^\infty e^{-x} x^{s-1}\,dx \tag{3.14}$$

と定義する．これは明らかに広義積分である．また $0 < s < 1$ のとき $s-1 < 0$ なので被積分関数 $e^{-x}x^{s-1}$ は $x = 0$ で定義されていないことにも注意しよう．よって，ガンマ関数を定義する広義積分が収束することを示す必要がある．それ以外にもガンマ関数 $\Gamma(s)$ に関する簡単な性質を示しておこう．

定理 3.4.1 (i) $\Gamma(s)$ の値は有限な正数である．
(ii) $\Gamma(s+1) = s\,\Gamma(s)\ (s > 0)$．
(iii) $\Gamma(n) = (n-1)!\ (n = 1, 2, 3, \ldots)$．

【証明】(i) $\displaystyle\int_0^1 e^{-x} x^{s-1}\,dx$ と $\displaystyle\int_1^\infty e^{-x} x^{s-1}\,dx$ が共に収束すればよい．

まず，定理 3.3.8 を用いて $\displaystyle\int_0^1 e^{-x} x^{s-1}\,dx$ が収束することを示そう．$0 < x \le 1$ のとき $0 < e^{-x} x^{s-1} \le x^{s-1}$ である．また，$s > 0$ だから，

$$\int_0^1 x^{s-1}\,dx = \left[\frac{x^s}{s}\right]_0^1 = \frac{1}{s}.$$

従って定理 3.3.8 より $\displaystyle\int_0^1 e^{-x} x^{s-1}\,dx$ は収束する．

次に，同様にして $\displaystyle\int_1^\infty e^{-x} x^{s-1}\,dx$ の収束性を示そう．$\displaystyle\int_1^\infty x^{-2}\,dx = 1$ だから，

$$e^{-x} x^{s-1} \le C x^{-2} \quad (x \ge 1) \tag{3.15}$$

をみたす定数 C が存在すればよい．式 (3.15) は $e^{-x} x^{s+1} \le C\ (x \ge 1)$ と同値である．そこで関数 $f(x) = e^{-x} x^{s+1}\ (x \ge 1)$ について考える．$f'(x) = e^{-x} x^s (s+1-x)$ だから，$f(x)$ は区間 $x \ge 1$ において $x = s+1$ のとき最大値をとる．よって $C = f(s+1)$ とおけば式 (3.15) が成り立つ．

(ii) 部分積分すればよい．実際,

$$\begin{aligned}\Gamma(s+1) &= \int_0^\infty e^{-x} x^s\,dx = \int_0^\infty (-e^{-x})' x^s\,dx \\ &= \left[-e^{-x} x^s\right]_0^\infty + \int_0^\infty e^{-x} s x^{s-1}\,dx = s\,\Gamma(s).\end{aligned}$$

なお，最後の等号で $\displaystyle\lim_{x \to \infty} e^{-x} x^s = 0$ を使った．

(iii) (ii) を繰り返し使うことにいにより，自然数 n に対し

$$\begin{aligned}\Gamma(n) &= (n-1)\,\Gamma(n-1) = (n-1)(n-2)\,\Gamma(n-2) \\ &= \cdots = (n-1)!\,\Gamma(1).\end{aligned}$$

これと $\Gamma(1) = \displaystyle\int_0^\infty e^{-x}\,dx = 1$ から $\Gamma(n) = (n-1)!$ が分かる． ∎

さて，$p>0$，$q>0$ に対し，**ベータ関数** $B(p,q)$ を

$$B(p,q) = \int_0^1 x^{p-1}(1-x)^{q-1}\,dx \qquad (3.16)$$

と定義する．この積分は，$0<p<1$ または $0<q<1$ のとき広義積分となる．実際，被積分関数 $x^{p-1}(1-x)^{q-1}$ は $p<1$ のとき $x=0$ で，$q<1$ のとき $x=1$ で定義されていない．よって，ガンマ関数のときと同様，ベータ関数を定義する広義積分が収束することをまず示す必要がある．

定理 **3.4.2** $B(p,q)$ の値は有限な正数である．

【証明】$\int_0^{1/2} x^{p-1}(1-x)^{q-1}\,dx$ と $\int_{1/2}^1 x^{p-1}(1-x)^{q-1}\,dx$ が共に収束することを，定理 3.3.8 を用いて示そう．$0<x\leq 1/2$ のとき $1/2\leq 1-x<1$ だから，

$$x^{p-1}(1-x)^{q-1} = x^{p-1}(1-x)^q(1-x)^{-1} \leq x^{p-1}\cdot 1^q \cdot 2 = 2x^{p-1}.$$

これと

$$\int_0^{1/2} 2x^{p-1}\,dx = \left[\frac{2x^p}{p}\right]_0^{1/2} = \frac{2^{1-p}}{p}$$

から，定理 3.3.8 により $\int_0^{1/2} x^{p-1}(1-x)^{q-1}\,dx$ が収束することが分かる．次に $1/2\leq x<1$ とすると

$$x^{p-1}(1-x)^{q-1} = x^p x^{-1}(1-x)^{q-1} \leq 1^p \cdot 2(1-x)^{q-1} = 2(1-x)^{q-1}$$

である．そして

$$\int_{1/2}^1 2(1-x)^{q-1}\,dx = \left[\frac{-2(1-x)^q}{q}\right]_{1/2}^1 = \frac{2^{1-q}}{q}$$

だから，定理 3.3.8 により $\int_{1/2}^1 x^{p-1}(1-x)^{q-1}\,dx$ も収束する． ∎

なお，ガンマ関数やベータ関数に関するいくつかの性質は第 5 章で述べることにする (第 5.5 節参照)．

3.5 曲線の長さ

よく知られているように,曲線の長さも積分により求められる.その公式の証明には区分求積法の概念が必要なので,証明は 3.A 節で行うことにし,この節ではその公式とその適用例のみを紹介しよう.以下,曲線 C の長さを $L(C)$ で表すことにする.

定理 3.5.1 曲線 C が $x = x(t)$, $y = y(t)$ $(a \leq t \leq b)$ と表されているとする.このとき,$x'(t)$ と $y'(t)$ が連続ならば
$$L(C) = \int_a^b \sqrt{x'(t)^2 + y'(t)^2}\, dt.$$

定理 3.5.1 で特に $x(t) = t$ とすると,次の定理が得られる.

定理 3.5.2 曲線 C が $y = f(x)$ $(a \leq x \leq b)$ と表されているとする.このとき,$f'(x)$ が連続ならば
$$L(C) = \int_a^b \sqrt{1 + f'(x)^2}\, dx.$$

例 3.5.3 曲線
$$C : y = \cosh x = \frac{e^x + e^{-x}}{2} \quad (0 \leq x \leq 1)$$
の長さ $L(C)$ を求めよう.$y' = \sinh x$ だから,
$$\sqrt{1 + (y')^2} = \sqrt{1 + \sinh^2 x} = \sqrt{\cosh^2 x} = \cosh x$$
が成り立つ.ただし,2 番目の等号で $\cosh^2 x - \sinh^2 x = 1$ を用いた (第 1 章演習問題 8 参照).従って,定理 3.5.2 より
$$L(C) = \int_0^1 \cosh x\, dx = \Big[\sinh x\Big]_0^1 = \sinh 1 = \frac{e - e^{-1}}{2}.$$

3.A 付録 区分求積法

　一般に，与えられた図形の面積を求めるのは難しい．しかしながら，長方形の面積はすぐに求められる．そこで，$y=f(x)$ のグラフ，x 軸，及び直線 $x=a$, $x=b$ で囲まれた部分を長方形の和集合で近似することにより，その面積を求めるのが**区分求積法**である．ここではその区分求積法について説明しよう．

　関数 $f(x)$ は区間 $[a,b]$ 上連続であるとする．ここでまず，区間 $[a,b]$ を

$$\Delta : a = x_0 < x_1 < x_2 < \cdots < x_{N-1} < x_N = b$$

のように細かく分割しよう．このような Δ を，区間 $[a,b]$ の**分割**と呼ぶ．また，これら N 個の小区間のうち最も長いものの長さ，即ち

$$\max_{1 \leq j \leq N} (x_j - x_{j-1})$$

を分割 Δ の**幅**といい，$|\Delta|$ と表す．さて，各 $j=1,2,\ldots,N$ に対し，$x_{j-1} \leq z_j \leq x_j$ をみたす z_j を一つ選ぼう．すると，図 3.13 のように，$y=f(x)$ のグ

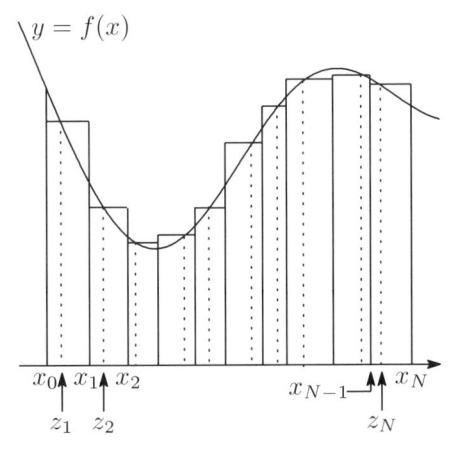

図 **3.13**: 区分求積法 ($x_0=a$, $x_N=b$).

ラフ, x 軸, 及び直線 $x = a$, $x = b$ で囲まれた部分が N 個の長方形の和集合で近似できる. そして, 区間 $[x_{j-1}, x_j]$ 上の長方形の面積は $f(z_j)(x_j - x_{j-1})$ であるので, 長方形の和集合の面積は

$$\sum_{j=1}^{N} f(z_j)(x_j - x_{j-1})$$

となる. そして, 分割の幅 $|\Delta|$ を限りなく 0 に近づけると, この値が $\int_a^b f(x)\,dx$ に収束すること, 即ち

$$\lim_{|\Delta| \to 0} \sum_{j=1}^{N} f(z_j)(x_j - x_{j-1}) = \int_a^b f(x)\,dx$$

が成り立つことが知られている.

■ 曲線の長さ

区分求積法を用いて, 曲線の長さを与える公式を証明しよう. 一般に, 与えられた曲線の長さを直接測るのは難しい. そこで, まず曲線を折れ線で近似してその折れ線の長さを計算し, その極限として曲線の長さを求めよう. ここでは簡単のために定理 3.5.2 を証明する. 曲線 C が $C : y = f(x)$ $(a \leq x \leq b)$ で表されていて, $f'(x)$ は区間 $a \leq x \leq b$ で連続とする. このとき, まず区間 $a \leq x \leq b$ の分割

$$\Delta : a = x_0 < x_1 < x_2 < \cdots < x_{N-1} < x_N = b$$

を考える. すると曲線 C 上に $(N+1)$ 個の点

$$(x_0, f(x_0)),\ (x_1, f(x_1)),\ (x_2, f(x_2)),\ \ldots,\ (x_N, f(x_N))$$

が定まる. これを順々に結ぶことにより, 曲線 C を近似する折れ線が得られる (図 3.14 参照). そして折れ線全体の長さは

$$\sum_{j=1}^{N} \sqrt{(x_j - x_{j-1})^2 + \bigl(f(x_j) - f(x_{j-1})\bigr)^2} \tag{3.17}$$

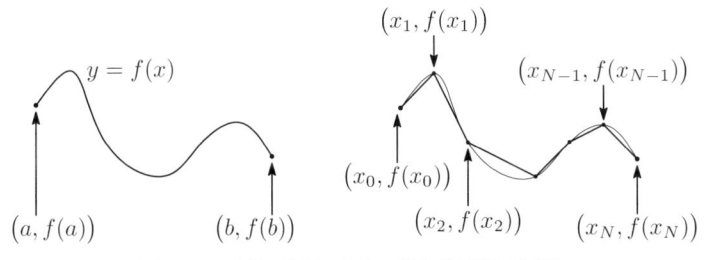

図 3.14: 曲線 (左図) とその折れ線近似 (右図).

となることが容易に分かる．あとは分割の幅 $|\Delta|$ を限りなく 0 に近づけたとき，(3.17) がどのような値に収束するかを調べればよい．ここで，平均値の定理 (定理 2.2.3) により，

$$f(x_j) - f(x_{j-1}) = f'(z_j)(x_j - x_{j-1})$$

をみたす $z_j \in (x_{j-1}, x_j)$ が存在する．従って，式 (3.17) は

$$\sum_{j=1}^{N} \sqrt{(x_j - x_{j-1})^2 + \bigl(f'(z_j)(x_j - x_{j-1})\bigr)^2}$$

$$= \sum_{j=1}^{N} \sqrt{1 + f'(z_j)^2} \, (x_j - x_{j-1})$$

と書ける．よって，区分求積法により，$|\Delta|$ を限りなく 0 に近づけると上式は $\int_a^b \sqrt{1 + f'(x)^2} \, dx$ に収束する，即ち

$$L(C) = \int_a^b \sqrt{1 + f'(x)^2} \, dx.$$

演習問題

□ 第 3.1 節の問題

1. 次の不定積分を求めよ．

(1) $\displaystyle\int \frac{dx}{\sqrt{1-x}}$ (2) $\displaystyle\int \frac{2x-3}{x^2-2x+1}\,dx$

(3) $\displaystyle\int x \log x \, dx$ (4) $\displaystyle\int e^x \sin x \, dx$

(5) $\displaystyle\int \frac{x}{\sqrt{1-x^2}}\,dx$ (6) $\displaystyle\int \frac{x}{1+x^2}\,dx$

(7) $\displaystyle\int \mathrm{Arcsin}\, x \, dx$ (8) $\displaystyle\int \mathrm{Arctan}\, x \, dx$

(9) $\displaystyle\int \cos^2 x \sin x \, dx$ (10) $\displaystyle\int \frac{dx}{\sqrt{p^2-(x-q)^2}}\ (p>0)$

(11) $\displaystyle\int \frac{e^x}{e^{2x}+1}\,dx$ (12) $\displaystyle\int \frac{dx}{\sqrt{(x-a)(b-x)}}\ (a<b)$

2. 次の定積分の値を求めよ．$(a>0)$

(1) $\displaystyle\int_1^2 x e^x \, dx$ (2) $\displaystyle\int_0^a \sqrt{a^2-x^2}\, dx$

(3) $\displaystyle\int_0^2 x e^{x^2}\, dx$ (4) $\displaystyle\int_1^3 \frac{x}{(x^2+3)^2}\, dx$

(5) $\displaystyle\int_0^{\pi/2} \cos^3 x \, dx$ (6) $\displaystyle\int_e^{e^2} \frac{dx}{x \log x}$

(7) $\displaystyle\int_0^2 \frac{x^5}{x^3+1}\, dx$ (8) $\displaystyle\int_{-1}^1 \frac{dx}{\sqrt{1-2ax+a^2}}$

3. f が連続関数のとき，次の等式を示せ．

$$\int_0^\pi f(\sin x)\, dx = 2\int_0^{\pi/2} f(\sin x)\, dx$$

4. $I_n = \displaystyle\int_0^x t^n e^{-t} dt \ (n \geq 0)$ とおく．I_n の漸化式を作り，それを用いて I_n を求めよ．

□ 第 3.2 節の問題

1. 次の不定積分を求めよ．

(1) $\displaystyle\int \frac{x^2 + 6x + 3}{x^2 + 3x + 2} dx$ (2) $\displaystyle\int \frac{x^2 + 6x - 4}{(x+1)(x-2)^2} dx$

(3) $\displaystyle\int \frac{2x + 5}{x^2 + 6x + 10} dx$ (4) $\displaystyle\int \frac{dx}{(x-2)(x^2+1)}$

(5) $\displaystyle\int \frac{dx}{x(x-1)(x-2)}$ (6) $\displaystyle\int \frac{x^2 - 3}{(x-1)^2(x^2+1)} dx$

2. 次の不定積分を求めよ．

(1) $\displaystyle\int \frac{dx}{(x+3)\sqrt{x-1}}$ (2) $\displaystyle\int \frac{dx}{x\sqrt{x+1}}$

(3) $\displaystyle\int \frac{dx}{\sqrt[3]{x} + 3x}$ (4) $\displaystyle\int \frac{dx}{x\sqrt{x^2+1}}$

(5) $\displaystyle\int \frac{dx}{(x+1)\sqrt{x^2-1}}$ (6) $\displaystyle\int \frac{\sqrt{x(1-x)}}{x^3} dx$

3. 次の不定積分を求めよ．

(1) $\displaystyle\int \frac{dx}{\sin x}$ (2) $\displaystyle\int \frac{dx}{3 + \cos x}$

(3) $\displaystyle\int \frac{dx}{1 + \cos x}$ (4) $\displaystyle\int \frac{dx}{3\sin x + 4\cos x + 5}$

(5) $\displaystyle\int \frac{1 + \sin x}{(1 + \cos x)^2} dx$ (6) $\displaystyle\int \frac{dx}{3\sin x + \cos x + 3}$

□ 第 3.3 節の問題

1. 次の広義積分の値を求めよ．

(1) $\displaystyle\int_0^2 \frac{dx}{\sqrt{2-x}}$ （2） $\displaystyle\int_1^\infty \frac{dx}{x(x+1)}$

(3) $\displaystyle\int_0^1 \log x\,dx$ （4） $\displaystyle\int_0^\infty \frac{dx}{x^2+9}$

(5) $\displaystyle\int_1^\infty \frac{dx}{(1+x^2)^2}$ （6） $\displaystyle\int_0^\infty xe^{-x^2}\,dx$

(7) $\displaystyle\int_0^\infty e^{-x}\sin x\,dx$ （8） $\displaystyle\int_a^b \frac{dx}{\sqrt{(x-a)(b-x)}}\;(a<b)$

(9) $\displaystyle\int_e^\infty \frac{dx}{x(\log x)^2}$ （10） $\displaystyle\int_0^\pi \frac{\sin x}{\sqrt{1-2a\cos x+a^2}}\,dx\;(a>0)$

2. 次の広義積分の収束・発散を調べよ．

(1) $\displaystyle\int_3^\infty \frac{\cos x}{x^2}\,dx$ （2） $\displaystyle\int_0^1 \frac{e^{-x}}{x}\,dx$ （3） $\displaystyle\int_1^\infty \frac{dx}{\sqrt{x^3+4}}$

(4) $\displaystyle\int_0^3 \frac{dx}{(x-1)^2}$ （5） $\displaystyle\int_0^\pi \frac{\sin x}{x}\,dx$ （6） $\displaystyle\int_{-\pi/2}^{\pi/2} \tan x\,dx$

□ 第 3.5 節の問題

1. 次の曲線の長さを求めよ．$(a>0)$

　　(1) $x=2t^3,\quad y=3t^2$ 　　　　　　　　　$(0\le t\le\sqrt{3})$

　　(2) $x=a\cos^3 t,\quad y=a\sin^3 t$ 　　　　$(0\le t\le 2\pi)$

　　(3) $x=a(t-\sin t),\ y=a(1-\cos t)$ 　　　$(0\le t\le 2\pi)$

　　(4) $y=x^2$ 　　　　　　　　　　　　　　$(0\le x\le 1/2)$

　　(5) $y=\dfrac{1}{2}\left(\dfrac{x^3}{3}+\dfrac{1}{x}\right)$ 　　　　　　　$(1\le x\le 3)$

第4章 偏微分

4.1 2変数関数とその極限・連続性

これまでは1変数関数 $y = f(x)$, つまり x を決めるとそれに応じて y が定まるような関数を考えてきた. この章と次の章では, 主に2変数関数 $z = f(x,y)$, 即ち二つの値 x, y を決めるとそれに応じて z が定まるような関数について考える. なお, 二つの実数の組 (x, y) 全体の集合 $\{(x, y) : x, y \in \mathbb{R}\}$ を, $\mathbb{R}^2$ と表す.

例 4.1.1 2変数関数の例をいくつか挙げておこう.
(i) $f(x, y) = 3xy^2 + 3x^2 + y$ や $g(x, y) = e^{xy} + y^2$ は $\mathbb{R}^2$ 上の関数である.
(ii) $f(x, y) = \log x + x \operatorname{Arcsin} y$ は集合 $\{(x, y) : x > 0, \ -1 \leq y \leq 1\}$ 上で定義された2変数関数である.
(iii) $f(x, y) = \log(x^2 + y^2 - 1)$ は集合 $\{(x, y) : x^2 + y^2 > 1\}$ 上で定義された2変数関数である.

第1.2節で1変数関数 $f(x)$ の点 $x = a$ での極限について定義した. 確認しておくと,「$x \to a$ のとき関数 $f(x)$ が α に収束する」とは,「$x(\neq a)$ を a に近づけると, $f(x)$ が α に限りなく近づく」ということであった (定義1.2.1参照). そこで, 2変数関数 $f(x, y)$ の点 (a, b) での極限についても同様に定義する. 即ち, 点 (a, b) と異なる点 (x, y) を点 (a, b) に近づければ $f(x, y)$ が α に限りなく近づくとき,「$(x, y) \to (a, b)$ のとき関数 $f(x, y)$ は α に**収束**する」または「$(x, y) \to (a, b)$ のとき $f(x, y)$ の**極限**は α である」といい,

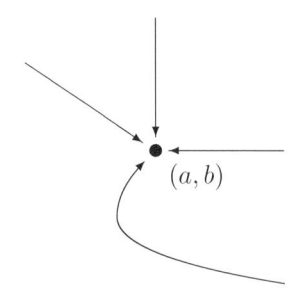

図 4.1: 点 (x,y) を点 (a,b) に近づける方法は無数にある．

$$\lim_{(x,y)\to(a,b)} f(x,y) = \alpha$$

と表す．ただし，2 変数関数の場合，点 (x,y) を (a,b) に近づける方法は無数にある，ということを注意しておく (図 4.1 参照)．よって，より正確にいえば，「$(x,y)\to (a,b)$ のとき関数 $f(x,y)$ が α に収束する」とは，点 (a,b) と異なる点 (x,y) をどのように点 (a,b) に近づけても，$f(x,y)$ が α に限りなく近づくことである．極限を求める具体例については，第 4.A 節で述べる．

また，1 変数関数のとき (11 ページ参照) と同様，「2 変数関数 $f(x,y)$ が点 (a,b) で**連続**である」とは，

$$\lim_{(x,y)\to(a,b)} f(x,y) = f(a,b)$$

が成り立つことをいう．また，定義域の各点で関数 $f(x,y)$ が連続であるとき，その定義域上で「関数 $f(x,y)$ は連続である」という．1 変数関数の連続関数に関する定理 1.2.8 や定理 1.2.9 と同様に，連続関数の和差積商や連続関数の合成関数は連続になる (ただし，商を考える際は分母が 0 になる点を除く)．

4.2 偏微分

1 変数関数 $y = f(x)$ を考える際には，その微分係数 $f'(a)$ や導関数 $f'(x)$ を調べるのが有効であった．ここではそれらの 2 変数関数 $z = f(x,y)$ の場合

に相当する偏微分係数や偏導関数を定義しよう．

2変数関数 $f(x,y)$ に $y=b$ を代入すると，x についての1変数関数 $f(x,b)$ が得られる．関数 $f(x,y)$ の x に関する偏微分係数は，この1変数関数 $f(x,b)$ を用いて次のように定義される．「2変数関数 $z=f(x,y)$ が点 (a,b) で x に関して**偏微分可能である**」とは，x についての1変数関数 $f(x,b)$ が点 $x=a$ で微分可能であること，つまり

$$\lim_{x \to a} \frac{f(x,b)-f(a,b)}{x-a} \tag{4.1}$$

が存在することをいう．この極限 (4.1) を，点 $(x,y)=(a,b)$ における関数 $z=f(x,y)$ の x に関する**偏微分係数**と呼び，

$$f_x(a,b),\ \frac{\partial f}{\partial x}(a,b)$$

などと表す．各点 (x,y) での偏微分係数 $f_x(x,y)$ が求まると，この $f_x(x,y)$ も x,y を変数とする2変数関数と見なせる．この2変数関数 $f_x(x,y)$ を関数 $f(x,y)$ の x に関する**偏導関数**と呼び，偏導関数を求めることを「**偏微分**する」という．関数 $z=f(x,y)$ の x に関する偏導関数は

$$z_x,\ \frac{\partial z}{\partial x},\ f_x(x,y),\ \frac{\partial f}{\partial x}(x,y),\ \frac{\partial}{\partial x}f(x,y)$$

などと表される．関数 $f(x,y)$ の x に関する偏導関数を求めるためには，関数 $f(x,y)$ の y を定数と見なして x で微分すればよい．また，偏導関数 $f_x(x,y)$ が求まれば，関数 $f(x,y)$ の点 (a,b) での x に関する偏微分係数は偏導関数 $f_x(x,y)$ に $(x,y)=(a,b)$ を代入することで求まる．

以上では x に関する偏微分について述べたが，y に関する偏微分も同様に定義する．即ち，「2変数関数 $z=f(x,y)$ が点 (a,b) で y に関して偏微分可能である」とは，

$$f_y(a,b) = \frac{\partial f}{\partial y}(a,b) = \lim_{y \to b}\frac{f(a,y)-f(a,b)}{y-b}$$

が存在することをいう．そして，関数 $f(x,y)$ の y に関する偏導関数 $f_y(x,y)$ は，関数 $f(x,y)$ の x を定数と見なして y で微分することによって求められる．

例 4.2.1 (i) 関数 $f(x,y) = 3xy^2 + 3x^2 + y$ の偏導関数を求めよう．$f(x,y)$ を x で偏微分するときには，y を定数と見なして x で微分すればよいから $f_x(x,y) = 3y^2 + 6x$ となる．同様に，$f(x,y)$ を y で偏微分するときには，x を定数と見なして y で微分すればよいから $f_y(x,y) = 6xy + 1$ となる．なお，点 $(x,y) = (1,-1)$ における偏微分係数は，

$$f_x(1,-1) = 3 \cdot (-1)^2 + 6 \cdot 1 = 9, \quad f_y(1,-1) = 6 \cdot 1 \cdot (-1) + 1 = -5.$$

(ii) 関数 $f(x,y) = \sin(x^2 + 2xy)$ の偏導関数は，1 変数関数の合成関数の微分 (定理 2.1.3) を用いて

$$\frac{\partial f}{\partial x}(x,y) = (2x + 2y)\cos(x^2 + 2xy), \quad \frac{\partial f}{\partial y}(x,y) = 2x\cos(x^2 + 2xy).$$

(iii) m, n を非負整数とする．関数 $f(x,y) = x^m y^n$ の偏導関数は，

$$\frac{\partial f}{\partial x}(x,y) = mx^{m-1}y^n, \quad \frac{\partial f}{\partial y}(x,y) = nx^m y^{n-1}.$$

さて，1 変数関数の場合，定理 2.2.5 により，関数 $f(x)$ がある区間上で $f'(x) = 0$ ならば，$f(x) = C$ (C は定数) となるのであった．2 変数関数に対しても同様の定理が成り立つ．

定理 4.2.2 $f(x,y)$ を全平面 $\mathbb{R}^2$ 上で定義された関数とする．このとき，
(i) $\mathbb{R}^2$ 上で $f_x(x,y) = 0$ ならば，$f(x,y)$ は y のみの関数である．
(ii) $\mathbb{R}^2$ 上で $f_y(x,y) = 0$ ならば，$f(x,y)$ は x のみの関数である．
(iii) $\mathbb{R}^2$ 上で $f_x(x,y) = f_y(x,y) = 0$ ならば，$f(x,y) = C$ (C は定数)．

つまり，(i)の場合は $f(x,y) = \varphi(y)$ と，(ii)の場合は $f(x,y) = \psi(x)$ と表せるということである．なおこの定理は，関数の定義域が全平面 $\mathbb{R}^2$ でなくても，例えば長方形や円板などであれば成り立つ．

4.3 連鎖律

この節では合成関数の微分について考える.まず,1変数関数 $z = f(x)$ に関数 $x = x(t)$ を代入した合成関数 $z = f(x(t))$ を t で微分すると,定理 2.1.3 にある通り,

$$\frac{dz}{dt} = \frac{dz}{dx}\frac{dx}{dt}, \quad \text{即ち} \quad \frac{d}{dt}f(x(t)) = f'(x(t))x'(t)$$

となるのであった.

次に,2 変数関数 $z = f(x, y)$ に二つの関数 $x = x(t)$, $y = y(t)$ を代入しよう.すると,t を変数とする 1 変数関数 $z = f(x(t), y(t))$ ができる.そしてこの合成関数 $z = f(x(t), y(t))$ の微分は,次の定理で与えられる.

定理 4.3.1 連鎖律 関数 $z = f(x, y)$ の偏導関数は連続であるとする.また,二つの関数 $x = x(t)$, $y = y(t)$ は微分可能であるとする.このとき,合成関数 $z = f(x(t), y(t))$ の導関数は

$$\frac{dz}{dt} = \frac{\partial z}{\partial x}\frac{dx}{dt} + \frac{\partial z}{\partial y}\frac{dy}{dt}, \tag{4.2}$$

即ち

$$\frac{d}{dt}f(x(t), y(t)) = \frac{\partial f}{\partial x}(x(t), y(t))\frac{dx}{dt}(t) + \frac{\partial f}{\partial y}(x(t), y(t))\frac{dy}{dt}(t) \tag{4.3}$$

で与えられる.

注意 4.3.2 定理 4.3.1 にある 2 式 (4.2) と (4.3) は,全く同じ内容の式である.実際,式 (4.2) の左辺の dz/dt は z を t についての関数と見たときの微分だから,

$$\frac{dz}{dt} = \frac{d}{dt}f(x(t), y(t))$$

である.同様に,$\partial z/\partial x$, $\partial z/\partial y$ はそれぞれ z を x と y についての関数と見たときの x, y に関する偏微分だから

$$\frac{\partial z}{\partial x} = \frac{\partial f}{\partial x}(x(t), y(t)), \quad \frac{\partial z}{\partial y} = \frac{\partial f}{\partial y}(x(t), y(t))$$

である．そして，式 (4.3) の右辺にある $\dfrac{\partial f}{\partial x}(x(t), y(t))$ は，関数 $f(x,y)$ の x に関する偏導関数 $f_x(x,y)$ に $x = x(t)$, $y = y(t)$ を代入したものである．なお，1 変数関数の合成関数の微分の際も同様の注意をした．注意 2.1.4 参照．

【定理 4.3.1 の証明】 $z(t) = f(x(t), y(t))$ とおく．微分の定義から，$(z(t+h) - z(t))/h$ に対し，$h \to 0$ としたときの極限を求めればよい．

さて，$h \neq 0$ に対し，

$$\begin{aligned} z(t+h) - z(t) &= f(x(t+h), y(t+h)) - f(x(t), y(t)) \\ &= \{f(x(t+h), y(t+h)) - f(x(t), y(t+h))\} \\ &\quad + \{f(x(t), y(t+h)) - f(x(t), y(t))\}. \end{aligned}$$

ここで最後の式にある 2 項のうち，第 1 項に注目しよう．t, h は固定し，$\varphi(x) = f(x, y(t+h))$ とおく．すると第 1 項は $\varphi(x(t+h)) - \varphi(x(t))$ と表せる．そして，1 変数の平均値の定理 (定理 2.2.3) により，

$$\varphi(x(t+h)) - \varphi(x(t)) = \varphi'(\alpha)(x(t+h) - x(t))$$

をみたす α が $x(t+h)$ と $x(t)$ の間に存在する．また，φ の定義から $\varphi'(\alpha) = f_x(\alpha, y(t+h))$ となる．以上により，第 1 項は

$$\begin{aligned} f(x(t+h), y(t+h)) &- f(x(t), y(t+h)) \\ &= f_x(\alpha, y(t+h))(x(t+h) - x(t)) \end{aligned}$$

と表せる．同様にして，

$$f(x(t), y(t+h)) - f(x(t), y(t)) = f_y(x(t), \beta)(y(t+h) - y(t))$$

をみたす β が $y(t+h)$ と $y(t)$ の間に存在することが分かる．よって，

$$\begin{aligned} z(t+h) - z(t) &= f_x(\alpha, y(t+h))(x(t+h) - x(t)) \\ &\quad + f_y(x(t), \beta)(y(t+h) - y(t)). \end{aligned} \quad (4.4)$$

ここで $h \to 0$ のとき点 $(\alpha, y(t+h))$ と点 $(x(t), \beta)$ は共に $(x(t), y(t))$ に収束することと，関数 f_x, f_y の連続性などに注意すれば，(4.4) の両辺を h で割って $h \to 0$ とすることによって

$$z'(t) = f_x\bigl(x(t), y(t)\bigr)x'(t) + f_y\bigl(x(t), y(t)\bigr)y'(t)$$

を得る．これは式 (4.3) そのものである． ∎

連鎖律を使って，いろいろな関数を微分してみよう．以下の例では，関数 $z = f(x, y)$ は偏微分可能で，偏導関数は連続であるとする．

例 4.3.3 a, b, h, k を実数とする．このとき，$z = f(x, y)$ に $x = a + ht$, $y = b + kt$ を代入した t についての関数 $z = F(t) = f(a + ht, b + kt)$ の導関数を求めよう．$dx/dt = h$, $dy/dt = k$ だから，定理 4.3.1 の式 (4.2) より

$$\frac{dz}{dt} = \frac{\partial z}{\partial x}\frac{dx}{dt} + \frac{\partial z}{\partial y}\frac{dy}{dt} = h\frac{\partial z}{\partial x} + k\frac{\partial z}{\partial y}. \tag{4.5}$$

ここで，z の代わりに $F(t)$ や $f(x, y)$ を使って式 (4.5) を書くと

$$F'(t) = h\frac{\partial f}{\partial x}(a+ht, b+kt) + k\frac{\partial f}{\partial y}(a+ht, b+kt). \tag{4.6}$$

なお，実数 h, k 及び関数 $f(x, y)$ に対し $h\dfrac{\partial f}{\partial x}(x, y) + k\dfrac{\partial f}{\partial y}(x, y)$ を

$$\left(h\frac{\partial f}{\partial x} + k\frac{\partial f}{\partial y}\right)(x, y), \quad \text{または} \quad \left(h\frac{\partial}{\partial x} + k\frac{\partial}{\partial y}\right)f(x, y)$$

と表すことがある．この表し方を使うと，例 4.3.3 の式 (4.6) は

$$F'(t) = \left(h\frac{\partial f}{\partial x} + k\frac{\partial f}{\partial y}\right)(a+ht, b+kt),$$

$$\frac{d}{dt}F(t) = \left(h\frac{\partial}{\partial x} + k\frac{\partial}{\partial y}\right)f(a+ht, b+kt)$$

などと書ける．

ところで，点 (a, b) における関数 $f(x, y)$ の x, y に関する偏微分係数 $f_x(a, b)$, $f_y(a, b)$ とは，それぞれ関数 $f(x, y)$ の点 (a, b) における x 方向，y 方向についての変化率のことであった．今，$h^2 + k^2 = 1$ とすると，ベクトル (h, k) は長

が 1 であり，またこれは平面上のある方向を定める．そこでこのベクトル (h, k) の方向に関する点 (a, b) での $f(x, y)$ の変化率について考えよう．$x = a + ht$, $y = b + kt$ は図 4.2 の直線 ℓ のパラメータ表示であり，特に $t = 0$ のとき $(x, y) = (a, b)$ となる．よって例 4.3.3 で考えた合成関数 $z = F(t) = f(a + ht, b + kt)$ の $t = 0$ における微分係数

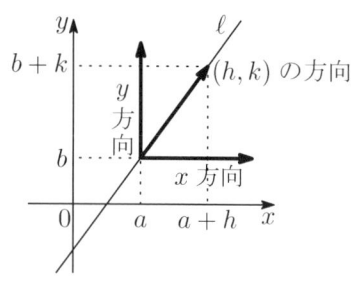

図 4.2: 方向微分係数.

$$F'(0) = \left(h\frac{\partial}{\partial x} + k\frac{\partial}{\partial y}\right) f(a, b)$$

が，点 (a, b) における関数 $f(x, y)$ のベクトル (h, k) の方向についての変化率となる．これを点 (a, b) における関数 $f(x, y)$ の，(h, k) 方向への**方向微分係数**と呼ぶ．

さて，連鎖律 (定理 4.3.1) の応用例をもう一つ見てみよう．

例 4.3.4 関数 $z = F(t) = f(t^2 - t, 2t^2)$ を微分しよう．$x = t^2 - t$, $y = 2t^2$ とおくと $dx/dt = 2t - 1$, $dy/dt = 4t$ だから，式 (4.2) より，

$$\frac{dz}{dt} = \frac{\partial z}{\partial x}\frac{dx}{dt} + \frac{\partial z}{\partial y}\frac{dy}{dt} = (2t - 1)\frac{\partial z}{\partial x} + 4t\frac{\partial z}{\partial y}. \tag{4.7}$$

これを $F(t)$ や $f(x, y)$ を使って書けば

$$F'(t) = (2t - 1)\frac{\partial f}{\partial x}(t^2 - t, 2t^2) + 4t\frac{\partial f}{\partial y}(t^2 - t, 2t^2). \tag{4.8}$$

また，例えばこの式に $t = 1$ を代入すると $F'(1) = f_x(0, 2) + 4f_y(0, 2)$ が分かる．

注意 4.3.5 例 4.3.4 の関数 $F(t)$ の変数として，t の代わりに x を使って $F(x) = f(x^2 - x, 2x^2)$ と書くことがあるかもしれない．このとき，式 (4.8) は

$$\frac{d}{dx}f(x^2 - x, 2x^2) = (2x - 1)\frac{\partial f}{\partial x}(x^2 - x, 2x^2) + 4x\frac{\partial f}{\partial y}(x^2 - x, 2x^2)$$

とも書けるが，両辺に現れる

$$\text{(i)}\ \frac{d}{dx}f(x^2-x, 2x^2) \quad \text{と} \quad \text{(ii)}\ \frac{\partial f}{\partial x}(x^2-x, 2x^2)$$

は明確に区別しなければならない．実際，(i) は x についての 1 変数関数 $f(x^2-x, 2x^2)$ を微分したものである．一方 (ii) は偏導関数 $f_x(x,y)$ をまず計算し，その後 x のところに x^2-x を，y のところに $2x^2$ を代入したものである．1 変数関数の場合の注意 2.1.4 も参照．

関数 $z = f(x,y)$ に二つの関数 $x = x(s,t)$，$y = y(s,t)$ を代入することで得られる合成関数の偏導関数も，連鎖律 (定理 4.3.1) を使えばすぐに求められる．実際，s に関する偏導関数を求めたければ，$z = f(x(s,t), y(s,t))$ の t を定数と見なして s で微分すればよい．故に，次の定理が成り立つ．

定理 4.3.6　連鎖律　関数 $z = f(x,y)$ の偏導関数は連続であるとする．また，二つの関数 $x = x(s,t)$，$y = y(s,t)$ は共に偏微分可能とする．このとき，合成関数 $z = f(x(s,t), y(s,t))$ の偏導関数は

$$\frac{\partial z}{\partial s} = \frac{\partial z}{\partial x}\frac{\partial x}{\partial s} + \frac{\partial z}{\partial y}\frac{\partial y}{\partial s}, \quad \frac{\partial z}{\partial t} = \frac{\partial z}{\partial x}\frac{\partial x}{\partial t} + \frac{\partial z}{\partial y}\frac{\partial y}{\partial t} \tag{4.9}$$

で与えられる．この第 1 式をより正確に表すと

$$\frac{\partial}{\partial s}f(x(s,t), y(s,t))$$
$$= \frac{\partial f}{\partial x}(x(s,t), y(s,t))\frac{\partial x}{\partial s}(s,t) + \frac{\partial f}{\partial y}(x(s,t), y(s,t))\frac{\partial y}{\partial s}(s,t)$$

となる．第 2 式も同様に表せる．

なお，式 (4.9) は行列を使って

$$\begin{pmatrix} \dfrac{\partial z}{\partial s} & \dfrac{\partial z}{\partial t} \end{pmatrix} = \begin{pmatrix} \dfrac{\partial z}{\partial x} & \dfrac{\partial z}{\partial y} \end{pmatrix} \begin{pmatrix} \dfrac{\partial x}{\partial s} & \dfrac{\partial x}{\partial t} \\ \dfrac{\partial y}{\partial s} & \dfrac{\partial y}{\partial t} \end{pmatrix}$$

とも表せる．ここに現れている行列

$$\begin{pmatrix} \dfrac{\partial x}{\partial s} & \dfrac{\partial x}{\partial t} \\ \dfrac{\partial y}{\partial s} & \dfrac{\partial y}{\partial t} \end{pmatrix}$$

を x, y の s, t に関する**ヤコビ行列**と呼ぶ.

さて,定理 4.3.6 を用いていろいろな関数の偏導関数を求めよう.以下,関数 $f(x, y)$ は偏微分可能で,偏導関数は連続であるとする.

例 4.3.7 a, b, c, d を実数とする.この関数に $x = as + bt$, $y = cs + dt$ を代入して得られる s と t についての関数 $z = f(as + bt, cs + dt)$ の偏導関数を求めよう.定理 4.3.6 より

$$\begin{aligned}\frac{\partial z}{\partial s} &= \frac{\partial z}{\partial x}\frac{\partial x}{\partial s} + \frac{\partial z}{\partial y}\frac{\partial y}{\partial s} = a\frac{\partial z}{\partial x} + c\frac{\partial z}{\partial y}, \\ \frac{\partial z}{\partial t} &= \frac{\partial z}{\partial x}\frac{\partial x}{\partial t} + \frac{\partial z}{\partial y}\frac{\partial y}{\partial t} = b\frac{\partial z}{\partial x} + d\frac{\partial z}{\partial y}\end{aligned} \quad (4.10)$$

が成り立つ.式 (4.10) をより正確に表すと,第 1 式は

$$\begin{aligned}&\frac{\partial}{\partial s} f(as + bt, cs + dt) \\ &= a\frac{\partial f}{\partial x}(as + bt, cs + dt) + c\frac{\partial f}{\partial y}(as + bt, cs + dt)\end{aligned}$$

となる.

さて,$x = x(s, t)$ と $y = y(s, t)$ が s, t について解けて $s = s(x, y)$,$t = t(x, y)$ と書けるとしよう.このとき,

$$x = x\bigl(s(x, y), t(x, y)\bigr), \quad y = y\bigl(s(x, y), t(x, y)\bigr)$$

だから,この各式を x, y で偏微分すると,定理 4.3.6 より,

$$\begin{aligned}1 &= \frac{\partial x}{\partial s}\frac{\partial s}{\partial x} + \frac{\partial x}{\partial t}\frac{\partial t}{\partial x}, & 0 &= \frac{\partial x}{\partial s}\frac{\partial s}{\partial y} + \frac{\partial x}{\partial t}\frac{\partial t}{\partial y}, \\ 0 &= \frac{\partial y}{\partial s}\frac{\partial s}{\partial x} + \frac{\partial y}{\partial t}\frac{\partial t}{\partial x}, & 1 &= \frac{\partial y}{\partial s}\frac{\partial s}{\partial y} + \frac{\partial y}{\partial t}\frac{\partial t}{\partial y}.\end{aligned}$$

これを行列を使って表せば

$$\begin{pmatrix} \dfrac{\partial x}{\partial s} & \dfrac{\partial x}{\partial t} \\ \dfrac{\partial y}{\partial s} & \dfrac{\partial y}{\partial t} \end{pmatrix} \begin{pmatrix} \dfrac{\partial s}{\partial x} & \dfrac{\partial s}{\partial y} \\ \dfrac{\partial t}{\partial x} & \dfrac{\partial t}{\partial y} \end{pmatrix} = \begin{pmatrix} 1 & 0 \\ 0 & 1 \end{pmatrix},$$

即ち

$$\begin{pmatrix} \dfrac{\partial s}{\partial x} & \dfrac{\partial s}{\partial y} \\ \dfrac{\partial t}{\partial x} & \dfrac{\partial t}{\partial y} \end{pmatrix} = \begin{pmatrix} \dfrac{\partial x}{\partial s} & \dfrac{\partial x}{\partial t} \\ \dfrac{\partial y}{\partial s} & \dfrac{\partial y}{\partial t} \end{pmatrix}^{-1}. \tag{4.11}$$

そして，一般には

$$\frac{\partial s}{\partial x} \neq \frac{1}{\dfrac{\partial x}{\partial s}} \tag{4.12}$$

である．第 4.2 節，第 4.3 節の演習問題 7 参照．

■ 極座標

平面 $\mathbb{R}^2$ 上の点 $\mathrm{P}(x,y)$ に対し，線分 OP の長さ $\sqrt{x^2+y^2}$ を r とする．そして，$r \neq 0$ のとき，x 軸と線分 OP のなす角を θ とおく．すると

$$x = r\cos\theta, \quad y = r\sin\theta \tag{4.13}$$

と表せる (図 4.3 参照)．この (r,θ) を，点 P の**極座標**という．逆に，$r \geq 0$, $\theta \in \mathbb{R}$ を与えると，式 (4.13) により点 (x,y) が決まる．$r > 0$, $0 \leq \theta < 2\pi$ (または $-\pi < \theta \leq \pi$) に制限すると，原点でない点 (x,y) に対し，式 (4.13) をみたす r, θ は唯一つ定まる．

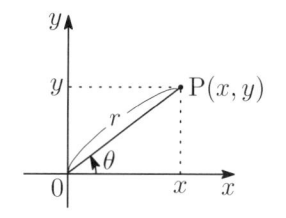

図 4.3: 極座標．

例 4.3.8 関数 $z = f(x,y)$ の偏導関数は連続であるとする．これを $x = r\cos\theta$, $y = r\sin\theta$ で極座標表示した $z = f(r\cos\theta, r\sin\theta)$ の偏導関数を求

めよう．定理 4.3.6 より

$$\begin{aligned}\frac{\partial z}{\partial r} &= \frac{\partial z}{\partial x}\frac{\partial x}{\partial r} + \frac{\partial z}{\partial y}\frac{\partial y}{\partial r} = \cos\theta\frac{\partial z}{\partial x} + \sin\theta\frac{\partial z}{\partial y}, \\ \frac{\partial z}{\partial \theta} &= \frac{\partial z}{\partial x}\frac{\partial x}{\partial \theta} + \frac{\partial z}{\partial y}\frac{\partial y}{\partial \theta} = -r\sin\theta\frac{\partial z}{\partial x} + r\cos\theta\frac{\partial z}{\partial y}\end{aligned} \quad (4.14)$$

が分かる．これは行列を用いて

$$\left(\begin{array}{cc}\frac{\partial z}{\partial r} & \frac{\partial z}{\partial \theta}\end{array}\right) = \left(\begin{array}{cc}\frac{\partial z}{\partial x} & \frac{\partial z}{\partial y}\end{array}\right)\left(\begin{array}{cc}\cos\theta & -r\sin\theta \\ \sin\theta & r\cos\theta\end{array}\right)$$

とも表せるから，この両辺に右側からヤコビ行列の逆行列をかけると

$$\begin{aligned}\left(\begin{array}{cc}\frac{\partial z}{\partial x} & \frac{\partial z}{\partial y}\end{array}\right) &= \left(\begin{array}{cc}\frac{\partial z}{\partial r} & \frac{\partial z}{\partial \theta}\end{array}\right)\left(\begin{array}{cc}\cos\theta & -r\sin\theta \\ \sin\theta & r\cos\theta\end{array}\right)^{-1} \\ &= \left(\begin{array}{cc}\frac{\partial z}{\partial r} & \frac{\partial z}{\partial \theta}\end{array}\right)\left(\begin{array}{cc}\cos\theta & \sin\theta \\ -\frac{1}{r}\sin\theta & \frac{1}{r}\cos\theta\end{array}\right),\end{aligned}$$

即ち

$$\begin{aligned}\frac{\partial z}{\partial x} &= \cos\theta\frac{\partial z}{\partial r} - \frac{1}{r}\sin\theta\frac{\partial z}{\partial \theta}, \\ \frac{\partial z}{\partial y} &= \sin\theta\frac{\partial z}{\partial r} + \frac{1}{r}\cos\theta\frac{\partial z}{\partial \theta}\end{aligned} \quad (4.15)$$

であることも分かる．

4.4 高階偏導関数，2 変数関数のテイラーの定理

■ 2 階偏導関数

関数 $z = f(x, y)$ の x に関する偏導関数 $\frac{\partial f}{\partial x}(x, y)$ が，更に x に関して偏微分可能なとき，$\frac{\partial}{\partial x}\left(\frac{\partial f}{\partial x}\right)$ を，

$$z_{xx},\ \frac{\partial^2 z}{\partial x^2},\ f_{xx}(x,y),\ \frac{\partial^2 f}{\partial x^2}(x,y),\ \frac{\partial^2}{\partial x^2}f(x,y)$$

などと表す．同様に，$\dfrac{\partial}{\partial y}\left(\dfrac{\partial f}{\partial x}\right)$ を

$$z_{xy},\ \frac{\partial^2 z}{\partial y \partial x},\ f_{xy}(x,y),\ \frac{\partial^2 f}{\partial y \partial x}(x,y),\ \frac{\partial^2}{\partial y \partial x}f(x,y)$$

などと表す．$\dfrac{\partial f}{\partial y}$ の偏導関数も同様である．なお，定義通りに解釈すれば，

$$f_{xy} = \frac{\partial^2 f}{\partial y \partial x} = \frac{\partial}{\partial y}\left(\frac{\partial f}{\partial x}\right),\quad f_{yx} = \frac{\partial^2 f}{\partial x \partial y} = \frac{\partial}{\partial x}\left(\frac{\partial f}{\partial y}\right)$$

であるが，実際には次の定理が知られている．

定理 4.4.1　f_{xy}, f_{yx} が共に連続ならば，$f_{xy} = f_{yx}$ が成り立つ．

以下，いろいろな関数の 2 階偏導関数を求めよう．

例 4.4.2　n, m を非負整数とし，$f(x,y) = x^m y^n$ とおく．このとき，例 4.2.1 (iii)より $f_x(x,y) = mx^{m-1}y^n$ だから，

$$\frac{\partial^2 f}{\partial x^2}(x,y) = \frac{\partial}{\partial x}(mx^{m-1}y^n) = m(m-1)x^{m-2}y^n,$$
$$\frac{\partial^2 f}{\partial y \partial x}(x,y) = \frac{\partial}{\partial y}(mx^{m-1}y^n) = mnx^{m-1}y^{n-1}.$$

同様に，$f_y(x,y) = nx^m y^{n-1}$ より，

$$\frac{\partial^2 f}{\partial x \partial y}(x,y) = mnx^{m-1}y^{n-1},\quad \frac{\partial^2 f}{\partial y^2}(x,y) = n(n-1)x^m y^{n-2}.$$

なお，確かに $\dfrac{\partial^2 f}{\partial y \partial x}(x,y) = \dfrac{\partial^2 f}{\partial x \partial y}(x,y)$ が成り立つ．

例 4.4.3　関数 $z = f(x,y)$ は 2 階偏微分可能で，偏導関数はすべて連続であるとする．これに $x = t^2 - t$, $y = 2t^2$ を代入した合成関数 $z = F(t) = f(t^2 - t, 2t^2)$ の 2 階導関数について考えよう．$z = F(t)$ の導関数は例 4.3.4 で求めた通り $dz/dt = (2t-1)z_x + 4tz_y$ である．これをもう一度微分すると，積の微分により

$$\frac{d^2z}{dt^2} = \frac{d}{dt}\{(2t-1)z_x + 4tz_y\} = 2z_x + (2t-1)\frac{dz_x}{dt} + 4z_y + 4t\frac{dz_y}{dt} \quad (4.16)$$

が成り立つ．ここで，合成関数の微分により (あるいは式 (4.7) の z をそれぞれ z_x, z_y に置き換えると)

$$\frac{dz_x}{dt} = \frac{\partial z_x}{\partial x}\frac{dx}{dt} + \frac{\partial z_x}{\partial y}\frac{dy}{dt} = (2t-1)\frac{\partial^2 z}{\partial x^2} + 4t\frac{\partial^2 z}{\partial y\partial x},$$

$$\frac{dz_y}{dt} = \frac{\partial z_y}{\partial x}\frac{dx}{dt} + \frac{\partial z_y}{\partial y}\frac{dy}{dt} = (2t-1)\frac{\partial^2 z}{\partial x\partial y} + 4t\frac{\partial^2 z}{\partial y^2}.$$

だから，これらを式 (4.16) に代入すると

$$\frac{d^2z}{dt^2} = (2t-1)^2\frac{\partial^2 z}{\partial x^2} + 8t(2t-1)\frac{\partial^2 z}{\partial x\partial y} + 16t^2\frac{\partial^2 z}{\partial y^2} + 2\frac{\partial z}{\partial x} + 4\frac{\partial z}{\partial y}.$$

■ 高階偏導関数

関数 $z = f(x,y)$ の 2 階偏導関数 f_{xx} が更に偏微分可能なとき，3 階偏導関数

$$z_{xxx} = f_{xxx} = \frac{\partial^3 z}{\partial x^3} = \frac{\partial^3 f}{\partial x^3} = \frac{\partial}{\partial x}\left(\frac{\partial^2 f}{\partial x^2}\right),$$

$$z_{xxy} = f_{xxy} = \frac{\partial^3 z}{\partial y\partial x^2} = \frac{\partial^3 f}{\partial y\partial x^2} = \frac{\partial}{\partial y}\left(\frac{\partial^2 f}{\partial x^2}\right)$$

が定義される．他の 3 階偏導関数 f_{xyy} などや，より高階の n 階偏導関数も同様に定義される．定理 4.4.1 により，n 階以下のすべての偏導関数が連続ならば，n 階偏導関数は x と y についてそれぞれ何回ずつ偏微分するかで決まり，x と y で偏微分する順序には依らないことが分かる．例えば，

$$\frac{\partial^5 f}{\partial y\partial x\partial y^2\partial x} = \frac{\partial^5 f}{\partial x^2\partial y^3}.$$

例 4.4.4 n, m を非負整数とする．$f(x,y) = x^m y^n$ の高階偏導関数について考えよう．$f(x,y)$ の 1 階・2 階偏導関数については，例 4.2.1 (iii) や例 4.4.2 で既に求めた．同様にして $p \leq m$ かつ $q \leq n$ のときには

$$\frac{\partial^{p+q} f}{\partial x^p \partial y^q}(x,y)$$
$$= \underbrace{m(m-1)\cdots(m-p+1)}_{p\text{ 個}} \underbrace{n(n-1)\cdots(n-q+1)}_{q\text{ 個}} x^{m-p} y^{n-q}$$
$$= \frac{m!}{(m-p)!} \frac{n!}{(n-q)!} x^{m-p} y^{n-q}.$$

そして $p>m$ または $q>n$ のときは $\dfrac{\partial^{p+q} f}{\partial x^p \partial y^q}(x,y) = 0$.

次に例 4.3.3 で考えた関数 $z = f(a+ht, b+kt)$ の高階偏導関数について考えるが，その前に記号を一つ準備する．まず，例 4.3.3 の中で，実数 h, k に対して

$$\left(h\frac{\partial}{\partial x} + k\frac{\partial}{\partial y}\right) f(x,y) = h\frac{\partial f}{\partial x}(x,y) + k\frac{\partial f}{\partial y}(x,y)$$

と定義したことを思い出そう．そこで，各 n に対し，

$$\left(h\frac{\partial}{\partial x} + k\frac{\partial}{\partial y}\right)^n f(x,y) = \underbrace{\left(h\frac{\partial}{\partial x} + k\frac{\partial}{\partial y}\right)\cdots\left(h\frac{\partial}{\partial x} + k\frac{\partial}{\partial y}\right)}_{n\text{ 個}} f(x,y)$$

と定義する．なお，これを計算すると

$$\left(h\frac{\partial}{\partial x} + k\frac{\partial}{\partial y}\right)^n f(x,y) = \sum_{j=0}^{n} {}_nC_j h^j k^{n-j} \frac{\partial^n f}{\partial x^j \partial y^{n-j}}(x,y).$$

例 4.4.5 a, b, h, k を実数とする．関数 $z = f(x,y)$ は何回でも偏微分可能であるとする．関数 $z = F(t) = f(a+ht, b+kt)$ の高次導関数を求めよう．関数 $z = F(t)$ の導関数 $F'(t)$ は式 (4.6) のように表せた．そこで

$$f_1(x,y) = \left(h\frac{\partial}{\partial x} + k\frac{\partial}{\partial y}\right) f(x,y)$$

とおこう．すると式 (4.6) は $F'(t) = f_1(a+ht, b+kt)$ と表せる．よって，これを t について微分すると，式 (4.6) と同様にして

$$F''(t) = \frac{d}{dt}f_1(a+ht, b+kt) = \left(h\frac{\partial}{\partial x} + k\frac{\partial}{\partial y}\right)f_1(a+ht, b+kt)$$
$$= \left(h\frac{\partial}{\partial x} + k\frac{\partial}{\partial y}\right)\left(h\frac{\partial}{\partial x} + k\frac{\partial}{\partial y}\right)f(a+ht, b+kt)$$
$$= \left(h\frac{\partial}{\partial x} + k\frac{\partial}{\partial y}\right)^2 f(a+ht, b+kt).$$

また，数学的帰納法により，

$$\frac{d^j}{dt^j}f(a+ht, b+kt) = \left(h\frac{\partial}{\partial x} + k\frac{\partial}{\partial y}\right)^j f(a+ht, b+kt) \tag{4.17}$$

となることも分かる．

■ 2 変数関数のテイラーの定理

定理 2.4.1 では 1 変数関数のテイラーの定理について述べた．大雑把にいうと，テイラーの定理とは，ある点 $x = a$ の近くで関数を多項式により近似することであった (式 (2.19) 参照)．実は 2 変数関数に対しても同様のことが成り立ち，それは次の定理で与えられる．

定理 4.4.6　テイラーの定理　関数 $f(x, y)$ は n 階偏微分可能で，偏導関数はすべて連続であるとする．このとき，

$$f(a+h, b+k) = \sum_{j=0}^{n-1}\frac{1}{j!}\left(h\frac{\partial}{\partial x} + k\frac{\partial}{\partial y}\right)^j f(a, b)$$
$$+ \frac{1}{n!}\left(h\frac{\partial}{\partial x} + k\frac{\partial}{\partial y}\right)^n f(a+\theta h, b+\theta k) \tag{4.18}$$

をみたす $\theta \in (0, 1)$ が存在する．この θ は n, a, b, h, k にもよる．式 (4.18) 右辺の最後の項を**剰余項**と呼ぶ．

【証明】 $F(t) = f(a+ht, b+kt)$ とおく．すると，$F(t)$ に対してマクローリンの定理 (定理 2.4.2) を適用することにより

$$F(t) = \sum_{j=0}^{n-1}\frac{F^{(j)}(0)}{j!}t^j + \frac{F^{(n)}(\theta t)}{n!}t^n \tag{4.19}$$

をみたす $\theta \in (0,1)$ が存在することが分かる．ここで例 4.4.5 より

$$F^{(j)}(t) = \left(h\frac{\partial}{\partial x} + k\frac{\partial}{\partial y}\right)^j f(a+ht, b+kt)$$

だから，これを式 (4.19) に代入することで，

$$f(a+ht, b+kt) = \sum_{j=0}^{n-1} \frac{1}{j!}\left(h\frac{\partial}{\partial x} + k\frac{\partial}{\partial y}\right)^j f(a,b)\, t^j$$
$$+ \frac{1}{n!}\left(h\frac{\partial}{\partial x} + k\frac{\partial}{\partial y}\right)^n f(a+h\theta t, b+k\theta t)\, t^n$$

が成り立つ．これに $t=1$ を代入すれば式 (4.18) を得る． ∎

なお，定理 4.4.6 の式 (4.18) で $n=1$ とすると

$$f(a+h, b+k) = f(a,b) + \left(h\frac{\partial f}{\partial x} + k\frac{\partial f}{\partial y}\right)(a+\theta h, b+\theta k)$$

をみたす $\theta \in (0,1)$ の存在が分かるが，これを 2 変数関数の平均値の定理と呼ぶ．また，式 (4.18) で $n=2$ とすると

$$f(a+h, b+k) = f(a,b) + h\frac{\partial f}{\partial x}(a,b) + k\frac{\partial f}{\partial y}(a,b)$$
$$+ \frac{1}{2}\left(h^2\frac{\partial^2 f}{\partial x^2} + 2hk\frac{\partial^2 f}{\partial x \partial y} + k^2\frac{\partial^2 f}{\partial y^2}\right)(a+\theta h, b+\theta k). \quad (4.20)$$

■ 接平面

接平面のことを述べる前に，平面の方程式について確認しておこう．

xyz 空間内に，点 $P(a,b,c)$ とベクトル $\vec{\nu} = (\ell, m, n)$ が与えられたとする．このとき，点 P を通り，ベクトル $\vec{\nu}$ と直交する平面とは，

$$\overrightarrow{PX} \cdot \vec{\nu} = 0 \quad (4.21)$$

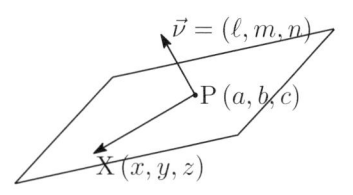

図 4.4: 点 $P(a,b,c)$ を通り，ベクトル $\vec{\nu}$ と直交する平面．

をみたす点 X 全体の集合のことである（図 4.4 参照）．ここで点 X を (x,y,z)

と表すと，条件 (4.21) は

$$\ell(x-a) + m(y-b) + n(z-c) = 0 \tag{4.22}$$

と表される．この式 (4.22) が，点 (a, b, c) を通り，ベクトル $\vec{\nu}$ と直交する**平面の方程式**である．$d = a\ell + bm + cn$ とおくことで，式 (4.22) は $\ell x + my + nz = d$ とも表せる．またこのとき，ベクトル $\vec{\nu}$ を，平面 (4.22) の**法線ベクトル**と呼ぶ．

さて，1 変数関数 $f(x)$ に対し，曲線 $z = f(x)$ の点 $(a, f(a))$ における接線は $z = f(a) + f'(a)(x-a)$ で与えられた．この式の右辺は，点 $x = a$ における関数 $f(x)$ のテイラーの定理 (定理 2.4.1，式 (2.18)) で $n = 2$ とした

$$f(x) = f(a) + f'(a)(x-a) + \frac{f''(a+\theta(x-a))}{2}(x-a)^2$$

の，剰余項を無視したものに相当する．

これと同様にすることで，曲面 $z = f(x, y)$ の点 $(a, b, f(a, b))$ における接平面が分かる．実際，式 (4.20) を $h = x - a, k = y - b$ と書き換えると

$$f(x, y) = f(a, b) + \frac{\partial f}{\partial x}(a, b)(x-a) + \frac{\partial f}{\partial y}(a, b)(y-b) + R_2$$

となる (ただし R_2 は剰余項) が，この右辺の剰余項を無視した

$$z = f(a, b) + \frac{\partial f}{\partial x}(a, b)(x-a) + \frac{\partial f}{\partial y}(a, b)(y-b)$$

が，曲面 $z = f(x, y)$ の点 $(a, b, f(a, b))$ における**接平面**である．これは，点 $(a, b, f(a, b))$ を通り，ベクトル

$$\left(\frac{\partial f}{\partial x}(a, b), \frac{\partial f}{\partial y}(a, b), -1 \right) \tag{4.23}$$

に垂直な平面でもある．この (4.23) で与えられるベクトルのように，点 $(a, b, f(a, b))$ における $z = f(x, y)$ の接平面と直交するベクトルを，曲面 $z = f(x, y)$ の点 $(a, b, f(a, b))$ における**法線ベクトル**と呼ぶ．また，点 $(a, b, f(a, b))$ を通り，法線ベクトルに平行な直線を**法線**と呼ぶ．$f_x(a, b)$ と $f_y(a, b)$ が共に 0 でないとき，法線の方程式は

$$\frac{x-a}{f_x(a,b)} = \frac{y-b}{f_y(a,b)} = \frac{z-f(a,b)}{-1}$$

で与えられる．図 4.5 参照．

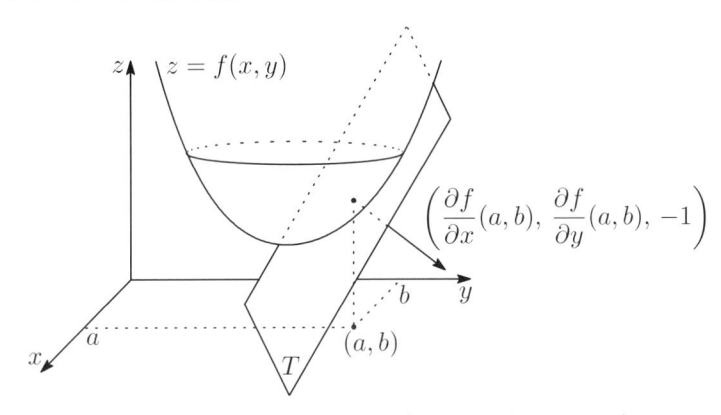

図 4.5: 接平面 T，法線ベクトル $\left(\dfrac{\partial f}{\partial x}(a,b), \dfrac{\partial f}{\partial y}(a,b), -1\right)$．

例 4.4.7 $f(x,y) = x^3 + 3x^2y - xy$ とおく．このときの，曲面 $z = f(x,y)$ の点 $(-1, 1, 3)$ における接平面と法線を求めよう．

$$f_x(x,y) = 3x^2 + 6xy - y, \quad f_y(x,y) = 3x^2 - x$$

より特に $f_x(-1, 1) = -4$, $f_y(-1, 1) = 4$ だから，曲面 $z = f(x, y)$ の点 $(-1, 1, 3)$ における接平面は，

$$z = 3 + (-4) \cdot (x+1) + 4 \cdot (y-1), \quad 即ち，\quad z = -4x + 4y - 5.$$

また，法線は

$$\frac{x+1}{-4} = \frac{y-1}{4} = \frac{z-3}{-1}.$$

4.5 2変数関数の極値

1変数関数 $f(x)$ の場合は，増減表をかくことによってグラフの概形を知ることができた．ところが2変数関数 $f(x,y)$ の場合は，増減表に相当するものをかくのは残念ながら容易ではない．しかし，2変数関数の場合も，1変数関数のときと同様に極大値・極小値を考えることはできる．この節では，2変数関数の極大値・極小値を定義し，また偏導関数を用いてこれらを求める方法について説明する．

■ 極大値・極小値

関数 $f(x,y)$ が点 (a,b) の近くで定義されていて，

$$\text{点 }(a,b)\text{ の十分近くの点 }(x,y) \neq (a,b) \text{ に対し } f(x,y) < f(a,b)$$

が成り立つとき，「$f(x,y)$ は点 (a,b) で**極大**になる」といい，$f(a,b)$ を**極大値**と呼ぶ．同様に，関数 $f(x,y)$ が点 (a,b) の近くで定義されていて，

$$\text{点 }(a,b)\text{ の十分近くの点 }(x,y) \neq (a,b) \text{ に対し } f(x,y) > f(a,b)$$

が成り立つとき，「$f(x,y)$ は点 (a,b) で**極小**になる」といい，$f(a,b)$ を**極小値**と呼ぶ．また，極大値と極小値をまとめて**極値**と呼ぶ (図4.6参照)．ここで述べた極値の定義は，第2.2節で1変数関数に対し定義したものを，そのまま2変数関数の場合に置き換えたものである．そして，1変数関数の結果 (定理2.2.1) を利用することで，次の定理を得る．

定理 4.5.1 関数 $f(x,y)$ は点 (a,b) の近くで連続で，x と y に関して偏微分可能であるとする．このとき，関数 $f(x,y)$ が点 (a,b) で極値をとるならば，

$$\frac{\partial f}{\partial x}(a,b) = \frac{\partial f}{\partial y}(a,b) = 0.$$

【証明】 関数 $f(x,y)$ に $y = b$ を代入した，x の関数 $f(x,b)$ を考える．すると

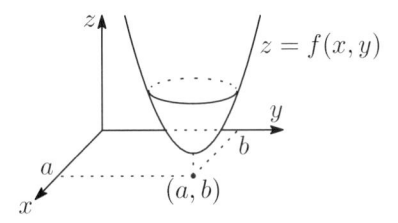

図 4.6: 関数 $z = f(x, y)$ は点 (a, b) で極小になる.

この $f(x, b)$ は点 $x = a$ で極値をとるから,定理 2.2.1 により $f_x(a, b) = 0$ が成り立つ.同様にして $f_y(a, b) = 0$ も分かる. ∎

注意 4.5.2 定理 4.5.1 の逆は成り立つとは限らない.即ち,$f_x(a, b) = f_y(a, b) = 0$ だからといって,関数 $f(x, y)$ が点 (a, b) で極値をとるとは限らない.例えば $f(x, y) = x^2 - y^2$ のとき,$f_x(x, y) = 2x$, $f_y(x, y) = -2y$ だから $f_x(0, 0) = f_y(0, 0) = 0$ が成り立つ.しかしながら

$$f(x, 0) = x^2 > 0 = f(0, 0) \ (x \neq 0),$$
$$f(0, y) = -y^2 < 0 = f(0, 0) \ (y \neq 0)$$

だから,関数 $f(x, y)$ は点 $(0, 0)$ の近くで正の値も負の値もとりうる.よって点 $(0, 0)$ では関数 $f(x, y)$ は極値をとらない.図 4.7 参照.

定理 4.5.1 及び注意 4.5.2 から,$f_x(a, b) = f_y(a, b) = 0$ をみたす点 (a, b) は,あくまで極値の候補に過ぎないことが分かる.ここから極値を探すのに有用なのが,次で定義するヘッシアンである.

関数 $f(x, y)$ の点 (a, b) における**ヘッシアン** $\mathrm{Hess}\, f(a, b)$ を

$$\mathrm{Hess}\, f(a, b) = \det \begin{pmatrix} \dfrac{\partial^2 f}{\partial x^2}(a, b) & \dfrac{\partial^2 f}{\partial x \partial y}(a, b) \\ \dfrac{\partial^2 f}{\partial y \partial x}(a, b) & \dfrac{\partial^2 f}{\partial y^2}(a, b) \end{pmatrix}$$
$$= \dfrac{\partial^2 f}{\partial x^2}(a, b) \dfrac{\partial^2 f}{\partial y^2}(a, b) - \left(\dfrac{\partial^2 f}{\partial x \partial y}(a, b) \right)^2$$

で定義する.定理 4.5.1 とヘッシアンを使うと,次の定理により関数 $f(x, y)$

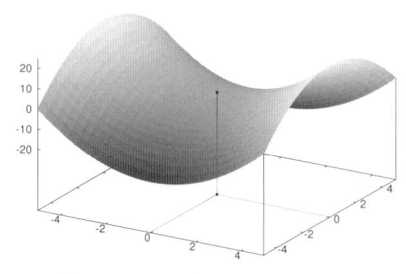

図 4.7: $z = x^2 - y^2$ のグラフ.

の極値を与える点 (a,b) を見つけることができる.

定理 4.5.3 関数 $f(x,y)$ は 2 階偏微分可能で, 2 階偏導関数はすべて連続とする. また $f_x(a,b) = f_y(a,b) = 0$ とする. このとき, 次が成り立つ.
(i) $\mathrm{Hess}\, f(a,b) > 0$ のときは, 関数 f は点 (a,b) で極値をとる. 特に,
 (i-a) $f_{xx}(a,b) > 0$ ならば関数 f は点 (a,b) で極小値をとり,
 (i-b) $f_{xx}(a,b) < 0$ ならば関数 f は点 (a,b) で極大値をとる.
(ii) $\mathrm{Hess}\, f(a,b) < 0$ ならば関数 f は点 (a,b) で極値をとらない.

注意 4.5.4 $f_x(a,b) = f_y(a,b) = 0$ かつ $\mathrm{Hess}\, f(a,b) = 0$ のときは, 定理 4.5.3 を使っても点 (a,b) で関数 f が極値をとるかどうかは判別できない. 実際, この場合は極値をとることもあるし, とらないこともある. 例えば, 関数 $f(x,y) = x^4 + y^4$, $g(x,y) = x^4 - y^4$ について考えよう. このとき, $f_x(0,0) = f_y(0,0) = g_x(0,0) = g_y(0,0) = 0$ 及び $\mathrm{Hess}\, f(0,0) = \mathrm{Hess}\, g(0,0) = 0$ が成り立つ. しかし, 関数 $f(x,y)$ は点 $(0,0)$ で極小値をとるが, 関数 $g(x,y)$ は点 $(0,0)$ で極値をとらない. 図 4.8 参照.

【定理 4.5.3 の証明】 まず, 2 変数関数のテイラーの定理 (定理 4.4.6 と式 (4.20)) と仮定 $f_x(a,b) = f_y(a,b) = 0$ より,

$$f(a+h, b+k) - f(a,b)$$
$$= \frac{1}{2}(h^2 f_{xx} + 2hk f_{xy} + k^2 f_{yy})(a+\theta h, b+\theta k) \quad (4.24)$$

をみたす $\theta \in (0,1)$ が存在する. ここで, 式 (4.24) の右辺に現れる関数 $h^2 f_{xx}$

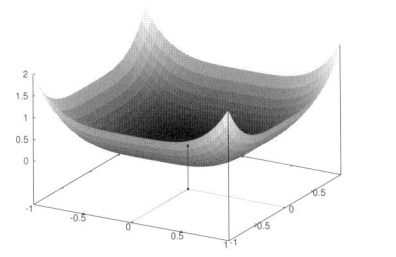

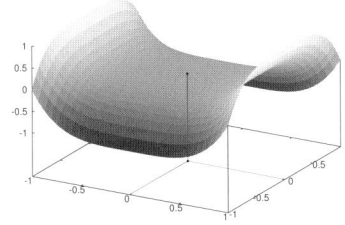

図 4.8: $z = x^4 + y^4$ (左), $z = x^4 - y^4$ (右) のグラフ.

$+ 2hkf_{xy} + k^2 f_{yy}$ は仮定により連続だから, $|h|$ や $|k|$ が十分小さければ, 式 (4.24) の右辺の値は

$$\Delta = \frac{1}{2}(h^2 f_{xx} + 2hk f_{xy} + k^2 f_{yy})(a,b) = \frac{1}{2}(h^2 A + 2hkB + k^2 C)$$

に十分近い, 即ち,

$$f(a+h, b+k) - f(a,b) \fallingdotseq \Delta \tag{4.25}$$

となる. ただし, $A = f_{xx}(a,b)$, $B = f_{xy}(a,b)$, $C = f_{yy}(a,b)$ とおいた. このとき, $\mathrm{Hess}\, f(a,b) = AC - B^2$ となる. また, 式 (4.25) により, すべての $(h,k) \neq (0,0)$ に対して $\Delta > 0$ ならば関数 f は点 (a,b) で極小となり, すべての $(h,k) \neq (0,0)$ に対して $\Delta < 0$ ならば関数 f は点 (a,b) で極大となる. そこで以下, $(h,k) \neq (0,0)$ に対する Δ の符号を調べよう.

(i) $\mathrm{Hess}\, f(a,b) > 0$ のとき. 特に $A \neq 0$ である. よって平方完成により

$$\Delta = \frac{A}{2}\left\{ \left(h + \frac{B}{A}k\right)^2 + \frac{\mathrm{Hess}\, f(a,b)}{A^2} k^2 \right\}$$

となり, Δ の符号は A の符号で決まる. 即ち, $A > 0$ のときは, $\Delta > 0$ だから関数 f は点 (a,b) で極小となり, $A < 0$ のときは, $\Delta < 0$ だから関数 f は点 (a,b) で極大となる.

(ii) $\mathrm{Hess}\, f(a,b) < 0$ のときは, Δ は正の値も負の値もとりうる. 実際, $A > 0$ のときは,

$$k = 0, \ h \neq 0 \text{ とすると } \Delta = \frac{h^2 A}{2} > 0,$$
$$k \neq 0, \ h = -\frac{B}{A}k \text{ とすると } \Delta = \frac{\mathrm{Hess}\, f(a,b)}{2A}k^2 < 0$$

となる．よって Δ は正負どちらの値もとりうる．同様にして，$A < 0$ や $A = 0$ の場合も Δ は正負どちらの値もとりうることが分かる．これは関数 f は点 (a,b) では極値をとらないことを意味する． ∎

例 4.5.5 $\mathbb{R}^2$ で定義された関数 $f(x,y) = x^3 + 2xy^2 + 4x^2 + 2y^2 - 3x$ の極値を求めよう．

まず，極値をとる点の候補を求めよう．
$$\frac{\partial f}{\partial x}(x,y) = 3x^2 + 2y^2 + 8x - 3, \quad \frac{\partial f}{\partial y}(x,y) = 4xy + 4y$$

だから，$3x^2 + 2y^2 + 8x - 3 = 0$ かつ $4xy + 4y = 0$ をみたす (x,y) を求めればよい．第 2 式より $(x+1)y = 0$，即ち $x = -1$ または $y = 0$ が分かる．$y = 0$ を第 1 式に代入すれば $x = 1/3, -3$ となる．また，$x = -1$ を第 1 式に代入すれば $y = \pm 2$ となる．よって，極値をとる点の候補は

$$\left(\frac{1}{3}, 0\right), \ (-3, 0), \ (-1, 2), \ (-1, -2). \tag{4.26}$$

次に，式 (4.26) のそれぞれの点に対して定理 4.5.3 を適用し，その点で極値をとるかどうか判定する．まずはヘッシアンを計算しよう．
$$\frac{\partial^2 f}{\partial x^2}(x,y) = 6x + 8, \quad \frac{\partial^2 f}{\partial x \partial y}(x,y) = 4y, \quad \frac{\partial^2 f}{\partial y^2}(x,y) = 4x + 4$$
だから，
$$\mathrm{Hess}\, f(x,y) = \frac{\partial^2 f}{\partial x^2}(x,y)\frac{\partial^2 f}{\partial y^2}(x,y) - \left(\frac{\partial^2 f}{\partial x \partial y}(x,y)\right)^2$$
$$= (6x+8)(4x+4) - (4y)^2.$$

よって，
- $\mathrm{Hess}\, f\left(\frac{1}{3}, 0\right) = \frac{160}{3} > 0, \ f_{xx}\left(\frac{1}{3}, 0\right) = 10 > 0$ だから，

点 $\left(\dfrac{1}{3}, 0\right)$ で極小値 $f\left(\dfrac{1}{3}, 0\right) = -\dfrac{14}{27}$ をとる．
- Hess $f(-3, 0) = 80 > 0,\ f_{xx}(-3, 0) = -10 < 0$ だから，
点 $(-3, 0)$ で極大値 $f(-3, 0) = 18$ をとる．
- Hess $f(-1, \pm 2) = -64 < 0$ だから点 $(-1, \pm 2)$ で極値をとらない．

例 4.5.6 $\mathbb{R}^2$ 上の関数 $f(x, y) = x^2 - 3xy^2 + 3y^3$ の極値を求めよう．

まず，極値を取る点の候補を求めよう．
$$\frac{\partial f}{\partial x}(x, y) = 2x - 3y^2, \quad \frac{\partial f}{\partial y}(x, y) = -6xy + 9y^2$$
だから，$2x - 3y^2 = 0$ かつ $-6xy + 9y^2 = 0$ をみたす (x, y) を求めればよい．第 1 式より $x = 3y^2/2$，これを第 2 式に代入して整理すると $-9y^2(y-1) = 0$．よって $y = 0, 1$ を得る．$x = 3y^2/2$ だったから，極値をとる点の候補は
$$\left(\frac{3}{2}, 1\right),\ (0, 0).$$
次に，この二つの点に対してそれぞれ定理 4.5.3 を適用し，その点で極値をとるのかどうか判定する．ヘッシアンは
$$\text{Hess}\, f(x, y) = \frac{\partial^2 f}{\partial x^2}(x, y) \frac{\partial^2 f}{\partial y^2}(x, y) - \left(\frac{\partial^2 f}{\partial x \partial y}(x, y)\right)$$
$$= 2(-6x + 18y) - (-6y)^2.$$

よって Hess $f(3/2, 1) = -18 < 0$ となり，関数 $f(x, y)$ は点 $(3/2, 1)$ で極値をとらない．一方，Hess $f(0, 0) = 0$ だから，定理 4.5.3 を使っても点 $(0, 0)$ で極値をとるのかどうかは判別できない．しかしながら，特に $x = 0$ とすると
$$f(0, y) = 3y^3 > 0\ \ (y > 0), \quad f(0, y) = 3y^3 < 0\ \ (y < 0)$$
であるから，関数 $f(x, y)$ は点 $(0, 0)$ でも極値をとらないことが分かる．

4.6 陰関数定理

原点を中心とする半径1の円が方程式 $x^2 + y^2 = 1$ で与えられることはよく知られている．この式 $x^2 + y^2 = 1$ を y について解いてみよう．例えば考える範囲を $y > 0$ に限れば $y = \sqrt{1-x^2}$ と表せる．また，範囲を $y < 0$ に限れば $y = -\sqrt{1-x^2}$ と表せる．ところが，点 $(1,0)$ や点 $(-1,0)$ のまわりでは，y の符号を決定しない限り $y = \varphi(x)$ の形では表せない（図 4.9 参照）．

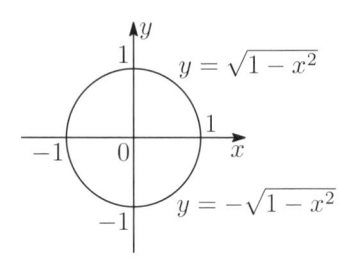

図 4.9: $x^2 + y^2 = 1$ のグラフ．

このように，$f(x,y) = 0$ により 2 変数 x と y の関係が定まっているときに，これが $y = \varphi(x)$ と表せるかどうかの指標を与えるのが次の陰関数定理である．

定理 4.6.1　陰関数定理　　関数 $f(x,y)$ の偏導関数は連続であるとする．このとき，$f(a,b) = 0$ かつ $f_y(a,b) \neq 0$ ならば，点 $x = a$ の近くで定義された連続関数 $y = \varphi(x)$ で，条件

(i) $\varphi(a) = b$,　(ii) 点 $x = a$ の近くで $f(x, \varphi(x)) = 0$

をみたすものが唯一つ存在する．更に，この関数 $y = \varphi(x)$ は微分可能で

$$\varphi'(x) = -\frac{f_x(x, \varphi(x))}{f_y(x, \varphi(x))}, \quad 特に \quad \varphi'(a) = -\frac{f_x(a,b)}{f_y(a,b)}. \tag{4.27}$$

定理 4.6.1 の証明の詳細は割愛し，微分可能な関数 $\varphi(x)$ の存在を認めて，導関数の公式 (4.27) を導くことにする．そこで定理中の条件(ii)にある等式の両辺を x で微分しよう．すると右辺は明らかに 0 である．また左辺は連鎖律（定理 4.3.1）より

$$\frac{d}{dx}f(x,\varphi(x)) = f_x(x,\varphi(x)) + \varphi'(x)f_y(x,\varphi(x)) \tag{4.28}$$

となる．よって

$$f_x(x,\varphi(x)) + \varphi'(x)f_y(x,\varphi(x)) = 0,$$

即ち式 (4.27) の第 1 式が得られる．これに $x = a$ を代入すれば，第 2 式は容易に得られる．

例 4.6.2 $f(x,y) = x^3 - x^2y + y^2 - 5$ とおく．曲線 $f(x,y) = 0$ 上の点 $(2,1)$ における接線を求めよう．$f_y(x,y) = -x^2 + 2y$ だから，$f_y(2,1) = -2 \neq 0$．よって陰関数定理により，点 $x = 2$ の近くで定義された微分可能な関数 $y = \varphi(x)$ で，点 $x = 2$ の近くで $f(x,\varphi(x)) = 0$ をみたし，そして $\varphi(2) = 1$ となるものが存在する．よって求める接線の傾きは $\varphi'(2)$ である．ここで $f_x(x,y) = 3x^2 - 2xy$ だから，式 (4.27) より

$$\varphi'(2) = -\frac{f_x(2,1)}{f_y(2,1)} = -\frac{8}{-2} = 4.$$

故に，求める接線は $y - 1 = 4(x - 2)$，即ち $y = 4x - 7$．図 4.10 参照．

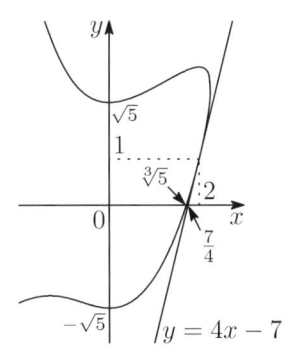

図 **4.10**: $x^3 - x^2y + y^2 - 5 = 0$ のグラフ．

4.A 付録 2変数関数とその極限・連続性(続き)

第 4.1 節で,2 変数関数の極限について定義した.ここでは,いくつかの関数に対してその極限を計算してみよう.

例 4.A.1 $f(x,y) = \dfrac{x^2 - y^2}{x^2 + y^2}$ とおく.このとき,$\lim\limits_{(x,y) \to (0,0)} f(x,y)$ が存在するかどうか調べよう.

(i) まず,x 軸に沿って原点に近づけてみよう.このとき,$y = 0$ としてから $x \to 0$ とすればよいから,この近づけ方による極限は

$$f(x,0) = \frac{x^2}{x^2} = 1 \to 1 \quad (x \to 0).$$

(ii) 次に,y 軸に沿って原点に近づけてみよう.このとき,$x = 0$ としてから $y \to 0$ とすればよいから,この近づけ方による極限は

$$f(0,y) = \frac{-y^2}{y^2} = -1 \to -1 \quad (y \to 0).$$

以上の(i), (ii)から,近づけ方によって値が異なることが分かるので,極限 $\lim\limits_{(x,y) \to (0,0)} f(x,y)$ は存在しない.

例 4.A.2 $f(x,y) = \dfrac{xy}{x^2 + y^2}$ とおく.このとき,$\lim\limits_{(x,y) \to (0,0)} f(x,y)$ が存在するかどうか調べよう.

(i) まず,x 軸に沿って原点に近づけてみよう.このとき,$y = 0$ としてから $x \to 0$ とすればよいから,この近づけ方による極限は

$$f(x,0) = \frac{0}{x^2} = 0 \to 0 \quad (x \to 0).$$

(ii) 次に,y 軸に沿って原点に近づけてみよう.このとき,$x = 0$ としてから $y \to 0$ とすればよいから,この近づけ方による極限は

$$f(0,y) = \frac{0}{y^2} = 0 \to 0 \quad (y \to 0).$$

(iii) では,直線 $y = x$ に沿って原点に近づけてみよう.このとき,$y = x$ と

してから $x \to 0$ とすればよいから，この近づけ方による極限は

$$f(x,x) = \frac{x^2}{2x^2} = \frac{1}{2} \to \frac{1}{2} \quad (x \to 0).$$

(i)と(ii)の近づけ方については極限が共に 0 となり一致したが，(iii)の近づけ方だと極限が 1/2 となり，近づけ方によって値が異なることが分かる．よって，$\lim_{(x,y)\to(0,0)} f(x,y)$ は存在しない．

例 4.A.3 $f(x,y) = \dfrac{x^3}{x^2+y^2}$ とおく．このとき，$\lim_{(x,y)\to(0,0)} f(x,y)$ が存在するかどうか調べよう．この場合，x 軸に沿って原点に近づけても，y 軸に沿って原点に近づけても，あるいは直線 $y=x$ に沿って原点に近づけても，その極限は 0 となるので，極限は 0 になることが予想される．それを証明しよう．

まず，$(x,y) \to (0,0)$ とは，2 点 (x,y) と $(0,0)$ の距離が 0 に近づくこと，即ち $\sqrt{x^2+y^2} \to 0$ に他ならないことを注意しておく．点 $(0,0)$ からの距離を測るには極座標が便利なので，$x = r\cos\theta, y = r\sin\theta$ としよう (式 (4.13) 参照)．すると，

$$f(x,y) = \frac{r^3 \cos^3\theta}{r^2} = r\cos^3\theta.$$

ここで $|\cos\theta| \leq 1$ に注意すると，

$$|f(x,y)| = |r\cos^3\theta| \leq r = \sqrt{x^2+y^2}.$$

一番右の項は $(x,y) \to (0,0)$ のとき 0 に収束するから，はさみうちの原理により $f(x,y) \to 0 \ ((x,y) \to (0,0))$ が分かる．

················ 演習問題 ················

□ 第 4.2 節，第 4.3 節の問題

1. 次の関数の x, y に関する偏導関数を求めよ．

(1) $z = x^2 + 3xy^2 + y^4$ (2) $z = \sqrt{\dfrac{y}{x}}$ $(x, y > 0)$

(3) $z = e^{xy}$ (4) $z = \sin(4x - 3y)$

(5) $z = e^{2x} \cos 3y$ (6) $z = \dfrac{x - y}{x + y}$

(7) $z = \log(x^2 + y^2)$ (8) $z = \dfrac{x}{x^2 + y^2}$

(9) $z = \mathrm{Arctan}\,\dfrac{y}{x}$ (10) $z = x^y$ $(x > 0)$

2. $f(x, y) = x^3 - 2xy + y^3$ のとき，$\dfrac{d}{dx}f(x, x^2)$ と $\dfrac{\partial f}{\partial x}(x, x^2)$ を求めよ．

3. 次の3条件をみたす $f(x, y)$ を求めよ．

$$f_x(x, y) = 2x + e^y, \qquad f_y(x, y) = 2y + xe^y, \qquad f(0, 0) = 1.$$

4. $f(x, y)$ に対して，関数 $F(t)$ を次で定める．このとき，$F'(t), F'(0)$ を f_x, f_y を用いて表せ．

(1) $F(t) = f(t^2, e^t - 1)$ (2) $F(t) = f(2\cos t, 3\sin t)$

(3) $F(t) = f(e^{2t}, \tan^2 t)$

5. $f(x, y)$ に対して，関数 $F(s, t)$ を次で定める．このとき，$F_s(s, t)$, $F_t(s, t)$, $F_s(0, 0)$, $F_t(0, 0)$ を f_x, f_y を用いて表せ．

(1) $F(s, t) = f(s + 4t, 2s - 3t)$ (2) $F(s, t) = f(e^s \cos t, e^s \sin t)$

(3) $F(s, t) = f(s^2 - t^2, e^{st})$

6. 次で与えられた u,v を x,y について解き，x,y の u,v に関するヤコビ行列を求めよ．

(1) $u = \dfrac{x}{x+y}$, $v = x+y$.　　(2) $u = xy$, $v = \dfrac{y}{x}$ $(x,y > 0)$.

7. $x = r\cos\theta$, $y = r\sin\theta$ とする．次を示せ．
$$\frac{\partial x}{\partial r} = \frac{\partial r}{\partial x}, \quad \frac{\partial y}{\partial r} = \frac{\partial r}{\partial y}, \quad \frac{\partial x}{\partial \theta} = r^2 \frac{\partial \theta}{\partial x}, \quad \frac{\partial y}{\partial \theta} = r^2 \frac{\partial \theta}{\partial y}.$$

8. $z = f(x,y)$, $x = au - bv$, $y = bu + av$ とする．ただし a,b は定数で $a^2 + b^2 \neq 0$ とする．このとき，次を示せ．
$$\left(\frac{\partial z}{\partial u}\right)^2 + \left(\frac{\partial z}{\partial v}\right)^2 = (a^2 + b^2)\left\{\left(\frac{\partial z}{\partial x}\right)^2 + \left(\frac{\partial z}{\partial y}\right)^2\right\}.$$

9. $z = f(x,y)$ の極座標表示 $z = f(r\cos\theta, r\sin\theta)$ について，次の関数を z_r, z_θ を用いて表せ．

(1) $(z_x)^2 + (z_y)^2$　　(2) $xz_y - yz_x$　　(3) $xz_x + yz_y$

10. $z = f(x,y)$, $x = \dfrac{s+t}{2}$, $y = \dfrac{s-t}{2}$ とする．

(1) z_s, z_t を f_x, f_y を用いて表せ．
(2) $f_x(x,y) \equiv f_y(x,y)$ ならば $f(x,y) = g(x+y)$ の形に書けることを示せ．

11. $z = f(x,y)$, $x = r\cos\theta$, $y = r\sin\theta$ とする．

(1) z_r, z_θ を f_x, f_y を用いて表せ．
(2) $yf_x(x,y) \equiv xf_y(x,y)$ ならば $f(x,y) = g(\sqrt{x^2+y^2})$ の形に書けることを示せ．

□ 第 4.4 節の問題

1. 以下の関数の 2 次の偏導関数をすべて求めよ．

(1) $z = e^{xy}$ (2) $z = \cos(2x+y)$ (3) $z = \sqrt{x^2+y^2}$

(4) $z = x^3y - xy^3$ (5) $z = \operatorname{Arctan}\dfrac{y}{x}$ (6) $z = \log\sqrt{x^2+y^2}$

2. x, y の関数 z に対し $\triangle z = \dfrac{\partial^2 z}{\partial x^2} + \dfrac{\partial^2 z}{\partial y^2}$ を z の**ラプラシアン**という．
前問 1 の関数について，ラプラシアン $\triangle z$ を求めよ．

3. $z = f(x,y)$, $x = au - bv$, $y = bu + av$ とする．ただし a, b は定数で $a^2 + b^2 \neq 0$ とする．このとき，次を示せ．
$$\frac{\partial^2 z}{\partial u^2} + \frac{\partial^2 z}{\partial v^2} = (a^2+b^2)\left(\frac{\partial^2 z}{\partial x^2} + \frac{\partial^2 z}{\partial y^2}\right).$$

4. 1 変数関数 $f(r)$ について，$z = f(r)$, $r = \sqrt{x^2+y^2}$ とする．

(1) $\dfrac{\partial z}{\partial x}, \dfrac{\partial z}{\partial y}$ を f' を用いて表せ．

(2) $\dfrac{\partial^2 z}{\partial x^2} + \dfrac{\partial^2 z}{\partial y^2} = f''(r) + \dfrac{1}{r}f'(r)$ を示せ．

5. $z = f(x,y)$ の極座標表示 $z = f(r\cos\theta, r\sin\theta)$ に対して，以下を示せ．

(1) $\dfrac{\partial^2 z}{\partial x^2} = \cos^2\theta\,\dfrac{\partial^2 z}{\partial r^2} + \dfrac{\sin^2\theta}{r^2}\dfrac{\partial^2 z}{\partial \theta^2} - \dfrac{2\sin\theta\cos\theta}{r}\dfrac{\partial^2 z}{\partial r\partial\theta}$
$\qquad\qquad\qquad + \dfrac{2\sin\theta\cos\theta}{r^2}\dfrac{\partial z}{\partial\theta} + \dfrac{\sin^2\theta}{r}\dfrac{\partial z}{\partial r}$

(2) $\dfrac{\partial^2 z}{\partial x^2} + \dfrac{\partial^2 z}{\partial y^2} = \dfrac{\partial^2 z}{\partial r^2} + \dfrac{1}{r}\dfrac{\partial z}{\partial r} + \dfrac{1}{r^2}\dfrac{\partial^2 z}{\partial \theta^2}$

6. 曲面 $z = f(x, y)$ の与えられた点における接平面と法線を求めよ.

(1) $f(x, y) = 4x^2 y + xy^3$ $\quad (-1, 1, 3)$

(2) $f(x, y) = e^{xy} + 2x - y$ $\quad (2, 0, 5)$

(3) $f(x, y) = \sqrt{x^2 + y^2}$ $\quad (3, 4, 5)$

□ 第 4.5 節の問題

1. 次の関数の極値を求めよ.

(1) $f(x, y) = x^2 - xy + y^2 - x - 2y$

(2) $f(x, y) = x^2 + y^2 - y^3$

(3) $f(x, y) = x^3 - x^2 + y^2 - 2xy$

(4) $f(x, y) = x^3 - xy^2 + 6x^2 + 2y^2$

(5) $f(x, y) = xy(1 - x - y)$

(6) $f(x, y) = x^3 - 3xy^2 + y^4$

□ 第 4.6 節の問題

1. 次の方程式が, 与えられた点 P の近くで $y = \varphi(x)$ の形に表せることを示せ. 次に, 方程式が表す曲線の点 P での接線を求めよ.

(1) $x^4 + xy^3 + y^2 - 3y = 0$ $\quad$ P$(0, 3)$

(2) $\log(x + y + 1) + x + y^2 = 0$ $\quad$ P$(-1, 1)$

(3) $x^5 + y^5 + xy + 1 = 0$ $\quad$ P$(1, -1)$

(4) $xy + \log(xy) - 1 = 0$ $\quad$ P$(2, 1/2)$

第5章　重積分

5.1　重積分と累次積分

この章では多変数の積分 (**重積分**) の基本的性質を学ぼう．主に 2 変数関数の積分 (**2 重積分**) を扱うが，3 変数以上でも考え方は同様である．

第 3 章で学んだように，$\int_a^b f(x)\,dx$ とは $a \leq x \leq b$ の範囲で $y = f(x)$ と x 軸によって囲まれた部分の符号付きの面積のことであった．これと同様にして，xy 平面の領域 D における 2 変数関数 $f(x,y)$ の積分を，$(x,y) \in D$ の範囲で $z = f(x,y)$ と xy 平面によって囲まれた部分の符号付き体積と定義し，これを

$$\iint_D f(x,y)\,dxdy$$

と表す (図 5.1 参照)．符号の付け方を，xy 平面より上にある部分の体積は正，下にある部分の体積は負とするのは 1 変数のときと同様である．

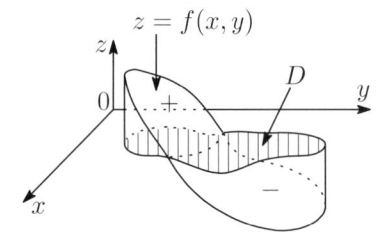

図 5.1: 符号付き体積.

以下，重積分を具体的にどう計算するかについて，D が簡単な場合から考察しよう．

■ 長方形上の積分

$D = \{(x,y) : a \leq x \leq b,\ c \leq y \leq d\}$ とする．この長方形を $D = [a,b] \times [c,d]$

とも表す．関数 $f(x,y)$ は D 上連続とする．このとき，重積分 $\iint_D f(x,y)\,dxdy$ とは，$(x,y) \in D$ の範囲で xy 平面と $z = f(x,y)$ によって囲まれた部分の符号つき体積である．この体積を求めるには，平面 $x = t\ (a \leq t \leq b)$ による切り口の符号付き面積 $S(t)$ を求め，それを a から b まで積分すればよい．この場合，切り口の面積は

$$S(t) = \int_c^d f(t,y)\,dy \tag{5.1}$$

となる (図 5.2 参照)．右辺の積分は $f(x,y)$ に $x = t$ を代入した関数 $f(t,y)$ を，t を定数と見なして y で積分したものである．求める重積分はこれを a から b まで積分することで得られる．即ち，

$$\iint_D f(x,y)\,dxdy = \int_a^b S(t)\,dt.$$

ここで右辺の $S(t)$ に (5.1) を代入し，変数を t から x に戻すと

$$\iint_D f(x,y)\,dxdy = \int_a^b \left(\int_c^d f(x,y)\,dy \right) dx. \tag{5.2}$$

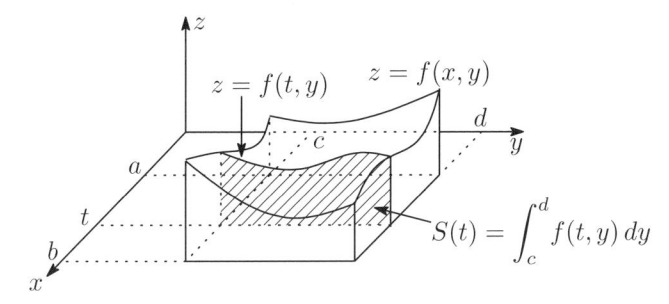

図 5.2: 平面 $x = t$ による切り口の面積．

一方，平面 $y = s\ (c \leq s \leq d)$ による切り口の面積を考え，それを積分することでも体積が求められる (図 5.3 参照) ので，

$$\iint_D f(x,y)\,dxdy = \int_c^d \left(\int_a^b f(x,y)\,dx \right) dy \tag{5.3}$$

が成り立つ．式 (5.2) と (5.3) は共に長方形 D 上での重積分を計算する方法を与えているが，いずれも同じ重積分を計算しているので

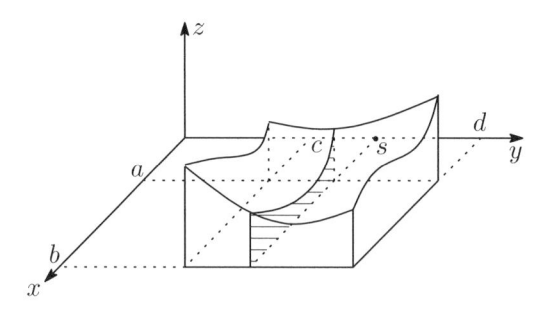

図 5.3: 平面 $y = s$ による切り口の面積.

$$\int_a^b \left(\int_c^d f(x,y)\,dy \right) dx = \int_c^d \left(\int_a^b f(x,y)\,dx \right) dy$$

が成り立つことも分かる．即ち，積分する変数の順序を交換しても積分の値は変わらない．これを，**積分順序の交換**ができるという．以上を定理としてまとめておこう．

定理 5.1.1 $D = [a,b] \times [c,d]$ とその上の連続関数 $f(x,y)$ に対して

$$\iint_D f(x,y)\,dxdy = \int_a^b \left(\int_c^d f(x,y)\,dy \right) dx = \int_c^d \left(\int_a^b f(x,y)\,dx \right) dy.$$

なお，上式の 2 番目の積分は

$$\int_a^b dx \int_c^d f(x,y)\,dy \quad \text{または} \quad \int_a^b \int_c^d f(x,y)\,dy\,dx$$

と表されることもある．3 番目の積分についても同様である．このように 1 次元の積分を繰り返すことを**累次積分**という．

例 5.1.2 次の重積分を求めよう．

$$I = \iint_D (x+2y)\,dxdy, \quad D = [0,2] \times [1,3].$$

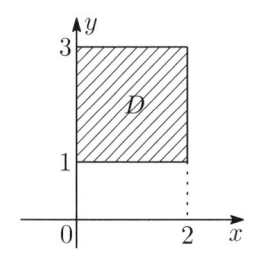

y から先に積分すると

$$I = \int_0^2 \left(\int_1^3 (x+2y)\,dy \right) dx = \int_0^2 \left[xy + y^2 \right]_{y=1}^{y=3} dx$$
$$= \int_0^2 (2x+8)\,dx = \left[x^2 + 8x \right]_0^2 = 20.$$

x から先に積分すると

$$I = \int_1^3 \left(\int_0^2 (x+2y)\,dx \right) dy = \int_1^3 \left[\frac{1}{2}x^2 + 2yx \right]_{x=0}^{x=2} dy$$
$$= \int_1^3 (2+4y)\,dy = \left[2y + 2y^2 \right]_1^3 = 20.$$

確かに積分順序の交換ができる.

■ 単純領域上での積分

長方形より一般的な領域 D での積分を考えよう. $a \leq x \leq b$ のとき $\varphi_1(x) \leq \varphi_2(x)$ が成り立つとする. このとき,

$$D = \{(x,y) : a \leq x \leq b,\ \varphi_1(x) \leq y \leq \varphi_2(x)\}$$

と表される領域を **x に関して単純な領域**という (図 5.4 参照). この領域 D 上で連続な関数 $f(x,y)$ の重積分を求めよう. $(x,y) \in D$ の範囲で xy 平面と $z = f(x,y)$ によって囲まれた部分の $x = t$ ($a \leq t \leq b$) での切り口の面積 $S(t)$ は

$$S(t) = \int_{\varphi_1(t)}^{\varphi_2(t)} f(t,y)\,dy$$

であるから, 長方形のときと同様にすることで, 求める重積分は

$$\iint_D f(x,y)\,dxdy = \int_a^b S(x)\,dx = \int_a^b \left(\int_{\varphi_1(x)}^{\varphi_2(x)} f(x,y)\,dy \right) dx$$

となる (図 5.6 参照). これと同様に, D が

$$D = \{(x,y) : c \leq y \leq d,\ \psi_1(y) \leq x \leq \psi_2(y)\}$$

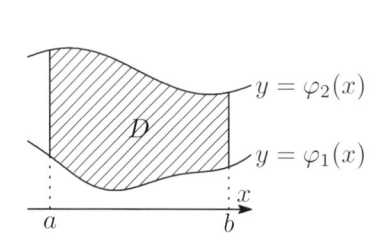

図 5.4: x について単純な領域.

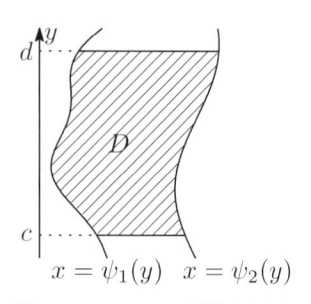

図 5.5: y について単純な領域.

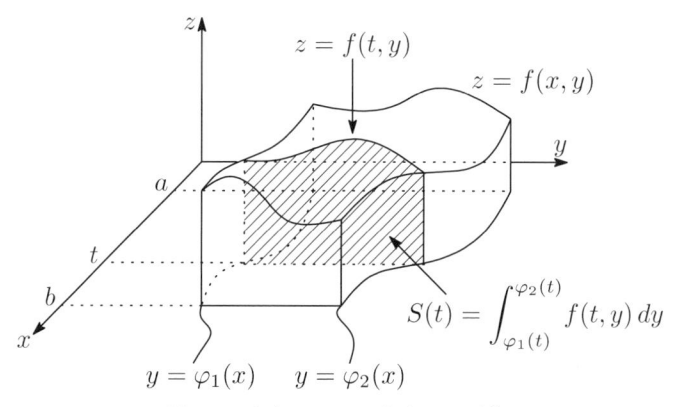

図 5.6: 平面 $x = t$ での切り口の面積.

と表せるとき，D は **y に関して単純な領域**という (図 5.5 参照)．そして，平面 $y = s$ $(c \leq s \leq d)$ での切り口を考えると，x に関して単純な場合と同様にして

$$\iint_D f(x,y)\,dxdy = \int_c^d \left(\int_{\psi_1(y)}^{\psi_2(y)} f(x,y)\,dx \right) dy$$

が分かる．以上をまとめることで次の定理を得る．

定理 5.1.3　D を xy 平面の領域とし，$f(x,y)$ を D 上の連続関数とする．
　(i) $D = \{(x,y) : a \leq x \leq b,\ \varphi_1(x) \leq y \leq \varphi_2(x)\}$ と表せるとき

$$\iint_D f(x,y)\,dxdy = \int_a^b \left(\int_{\varphi_1(x)}^{\varphi_2(x)} f(x,y)\,dy \right) dx.$$

(ii) $D = \{(x,y) : c \leq y \leq d,\ \psi_1(y) \leq x \leq \psi_2(y)\}$ と表せるとき

$$\iint_D f(x,y)\,dxdy = \int_c^d \left(\int_{\psi_1(y)}^{\psi_2(y)} f(x,y)\,dx \right) dy.$$

(iii) 領域が

$$\{(x,y) : a \leq x \leq b,\ \varphi_1(x) \leq y \leq \varphi_2(x)\}$$
$$= \{(x,y) : c \leq y \leq d,\ \psi_1(y) \leq x \leq \psi_2(y)\}$$

のように x に関しても y に関しても単純であるとする．このとき，

$$\int_a^b \left(\int_{\varphi_1(x)}^{\varphi_2(x)} f(x,y)\,dy \right) dx = \int_c^d \left(\int_{\psi_1(y)}^{\psi_2(y)} f(x,y)\,dx \right) dy.$$

なお，$D = [a,b] \times [c,d]$ の形の長方形は単純領域でもあるから，上の定理 5.1.3 は定理 5.1.1 を含んでいるといえる．

例 5.1.4 次の重積分 I を求める．

$$I = \iint_D (xy + 2y^2)\,dxdy,$$
$$D = \{(x,y) : 0 \leq x \leq y \leq 1\}.$$

D を x に関して単純な領域と見ると

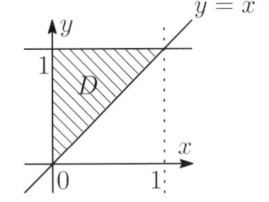

$$D = \{(x,y) : 0 \leq x \leq 1,\ x \leq y \leq 1\}$$

と表せる．従って定理 5.1.3 (i) により

$$I = \int_0^1 \left(\int_x^1 (xy + 2y^2)\, dy \right) dx = \int_0^1 \left[\frac{1}{2}xy^2 + \frac{2}{3}y^3 \right]_{y=x}^{y=1} dx$$
$$= \int_0^1 \left(\frac{2}{3} + \frac{1}{2}x - \frac{7}{6}x^3 \right) dx = \left[\frac{2}{3}x + \frac{1}{4}x^2 - \frac{7}{24}x^4 \right]_0^1 = \frac{5}{8}.$$

次に,x について先に積分することを考えよう.D を y に関して単純な領域と見ると

$$D = \{(x,y) : 0 \le y \le 1,\ 0 \le x \le y\}$$

と表せる.よって定理 5.1.3 (ii) により

$$I = \int_0^1 \left(\int_0^y (xy + 2y^2)\, dx \right) dy = \int_0^1 \left[\frac{1}{2}x^2 y + 2xy^2 \right]_{x=0}^{x=y} dy$$
$$= \int_0^1 \frac{5}{2}y^3 dy = \frac{5}{2} \cdot \frac{1}{4} = \frac{5}{8}.$$

確かに定理 5.1.3 (iii) が成り立っているが,後者の方が計算は少し簡単である.

次の例を通して,積分順序の交換に関する注意を一つ与えておく.

例 5.1.5 次の累次積分を求める.

$$\int_0^1 \left(\int_y^1 e^{x^2} dx \right) dy.$$

ところが $\int_y^1 e^{x^2} dx$ は求められそうにない.そこで x を先に積分するのは断念し,積分順序を交換してみる.与えられた累次積分の積分領域 D は

$$D = \{(x,y) : 0 \le y \le 1,\ y \le x \le 1\}$$

である.これは

$$D = \{(x,y) : 0 \le x \le 1,\ 0 \le y \le x\}$$

のように,x に関して単純な領域として表せる.従って,定理 5.1.3 (iii) により

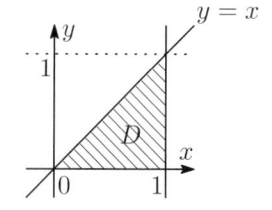

$$\int_0^1 \left(\int_y^1 e^{x^2} dx \right) dy = \int_0^1 \left(\int_0^x e^{x^2} dy \right) dx = \int_0^1 x e^{x^2} dx$$
$$= \left[\frac{1}{2} e^{x^2} \right]_0^1 = \frac{e-1}{2}.$$

上の例で積分順序の交換の重要性が理解できたと思う．もう少し積分順序の交換の練習をしよう．

例 5.1.6 領域 D を x 軸，$x = 2$ と $y = x^2$ とで囲まれた部分とする．D 上の連続関数 $f(x, y)$ の重積分 $\iint_D f(x, y) \, dxdy$ を二通りの累次積分で表そう．まず，D を二通りに表すと

$$D = \{(x, y) : 0 \le x \le 2, \ 0 \le y \le x^2\}$$
$$= \{(x, y) : 0 \le y \le 4, \ \sqrt{y} \le x \le 2\}.$$

よって定理 5.1.3 (iii) により

$$\iint_D f(x, y) \, dxdy = \int_0^2 dx \int_0^{x^2} f(x, y) \, dy$$
$$= \int_0^4 dy \int_{\sqrt{y}}^2 f(x, y) \, dx.$$

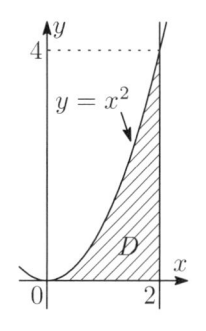

注意 5.1.7 $D = \{(x, y) : 0 \le y \le x \le 1\}$ とする．D 上で以下の関数を積分することを考える．

$$g(x, y) = \frac{1}{\sqrt{y(1-x)(x-y)}}, \qquad h(x, y) = \frac{1}{\sqrt{|y - x^2|}}.$$

関数 $g(x, y)$ は D の周全体で定義されておらず，関数 $h(x, y)$ は D 内の曲線 $y = x^2 \ (0 \le x \le 1)$ 上で定義されていないから，共に定理 5.1.3 を利用できない．しかしながら，このような場合でも一般に次の事実が知られている．

「D を単純領域とする．D において，$f(x, y)$ が定義されていない点は D の周及び D 内の連続曲線 (有限個の点でもよい) 上にしかなく，それ以外の点では連続であるとする．このとき，$f(x, y)$ のすべての連続点で $f(x, y) \ge 0$ ならば定理 5.1.3 が適用できる．ただし，積分値が ∞ となることもある．」

これは若干正確さに欠ける言い方ではあるが，実用上は問題無いことが多い．計算方法については以下の例を参照のこと．

例 5.1.8 次の重積分を求める．

$$I = \iint_D \frac{dxdy}{\sqrt{x-y}},$$
$$D = \{(x,y) : 0 \leq x \leq 1,\ 0 \leq y \leq x\}.$$

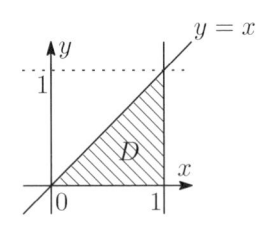

被積分関数は D の周の一部 $y = x\ (0 \leq x \leq 1)$ では定義されていないが，その他の点では連続であり，被積分関数の値は正である．従って注意 5.1.7 により与式は累次積分により計算できる．例えば

$$I = \int_0^1 dx \int_0^x \frac{dy}{\sqrt{x-y}} = \int_0^1 \left[-2\sqrt{x-y}\right]_{y=0}^{y=x} dx = 2\int_0^1 \sqrt{x}\,dx = \frac{4}{3}$$

となる．要するに，被積分関数が非負である限りはこれまでどおり積分すればよいのである．因みに，注意 5.1.7 で与えた関数 $g(x,y)$ と $h(x,y)$ の D 上での積分値はそれぞれ 2π，$\pi/4 + 1$ となる．

今まで述べる機会がなかったが，以下の定理を使うと重積分の計算を簡単にできることがある．証明は直感的には明らかなので省略する．

定理 5.1.9 xy 平面の領域 D と，その上の連続関数 $f(x,y), g(x,y)$ について以下が成り立つ．

(i) 領域 D が二つの領域 D_1 と D_2 に分割されるとき，

$$\iint_D f(x,y)\,dxdy = \iint_{D_1} f(x,y)\,dxdy + \iint_{D_2} f(x,y)\,dxdy.$$

(ii) α, β を定数とすると

$$\iint_D (\alpha f + \beta g)\,dxdy = \alpha \iint_D f\,dxdy + \beta \iint_D g\,dxdy.$$

また，D の面積は次で与えられる．

$$\iint_D dxdy = \iint_D 1\,dxdy = (D\text{の面積}).$$

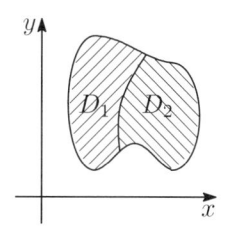

図 5.7: D が D_1 と D_2 に分割されるとき.

5.2　重積分の変数変換

まず，1 変数関数の積分の置換積分法について復習しよう．$a < b$ とする．$\int_a^b f(x)\,dx$ を $x = x(t)$ で置換積分する際は $x(t)$ の単調性を仮定することが多い．$x(t)$ が区間 $[\alpha, \beta]$ から $[a, b]$ への単調増加で微分可能な関数ならば，$a = x(\alpha)$，$b = x(\beta)$ であり，また $x'(t) > 0$ が成り立つ (図 5.8 の左図参照)．従って，

$$\int_a^b f(x)\,dx = \int_\alpha^\beta f\bigl(x(t)\bigr)\,x'(t)\,dt.$$

一方，$x(t)$ が単調減少の場合は，$b = x(\alpha)$，$a = x(\beta)$ であり，また $x'(t) < 0$ が成り立つ (図 5.8 の右図参照)．従って，

$$\int_a^b f(x)\,dx = \int_\beta^\alpha f\bigl(x(t)\bigr)\,x'(t)\,dt = \int_\alpha^\beta f\bigl(x(t)\bigr)\bigl(-x'(t)\bigr)\,dt.$$

この二つをまとめると

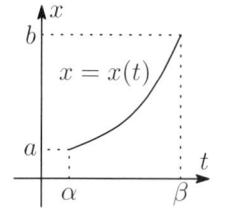

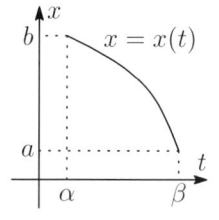

図 5.8: $x(t)$ が単調増加なとき (左)，単調減少なとき (右).

$$\int_a^b f(x)\,dx = \int_\alpha^\beta f\bigl(x(t)\bigr)\,|x'(t)|\,dt \tag{5.4}$$

と表せる．ここで，次の二つのことに注意してほしい．

(i) 左辺の積分区間 $[a,b]$ は $x(t)$ による区間 $[\alpha,\beta]$ の行き先である．

(ii) $x(t)$ の単調性より，区間 $[\alpha,\beta]$ から異なる 2 点 t_1,t_2 をとると $x(t_1) \ne x(t_2)$ となっている．このような性質を「$x(t)$ は **1 対 1** である」という．

以上は 1 変数関数の積分に関することであったが，実は重積分でも同様のことが成り立つ．$\iint_D f(x,y)\,dxdy$ を変数変換

$$x = x(u,v), \qquad y = y(u,v) \tag{5.5}$$

により u,v の積分に変えるには，uv 平面の領域 E で (5.5) による E の行き先が D になるものを求めなくてはならない (上の(i)に相当)．また，写像 (5.5) が 1 対 1 でなくてはならない．即ち，uv 平面の E から異なる 2 点をとったとき，写像 (5.5) によるその 2 点の行き先が一致してはならない (上の(ii)に相当)．そしてもう一つ注意すべきなのは，式 (5.4) の $|x'(t)|$ に相当するものを考える必要があることである．ここではこれらの詳細は述べないが，以下の定理が成り立つことが知られている．

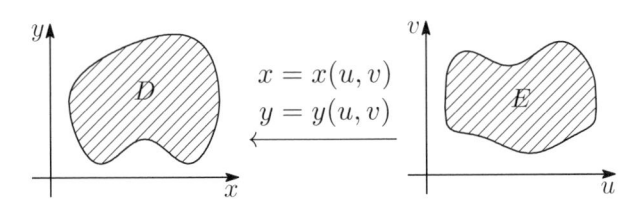

図 5.9: xy 平面の領域 D と uv 平面の領域 E.

定理 5.2.1　変数変換　変換 $x = x(u,v)$, $y = y(u,v)$ により，uv 平面の領域 E が xy 平面の領域 D に 1 対 1 に移されているとする．このとき

$$\iint_D f(x,y)\,dxdy = \iint_E f\bigl(x(u,v),y(u,v)\bigr)\left|\frac{\partial(x,y)}{\partial(u,v)}\right|dudv.$$

ここで

$$\frac{\partial(x,y)}{\partial(u,v)} = \det\begin{pmatrix} \dfrac{\partial x}{\partial u} & \dfrac{\partial x}{\partial v} \\ \dfrac{\partial y}{\partial u} & \dfrac{\partial y}{\partial v} \end{pmatrix} = \frac{\partial x}{\partial u}\cdot\frac{\partial y}{\partial v} - \frac{\partial x}{\partial v}\cdot\frac{\partial y}{\partial u}$$

は x,y の u,v に関するヤコビ行列の行列式で**ヤコビアン**と呼ばれる．

よく使われる変数変換は，平面の一次変換と極座標変換である．以下，それらの例を述べよう．

例 5.2.2 xy 平面の領域 D を

$$D = \left\{(x,y) : 0 \leq x+y \leq 1,\ 0 \leq x-y \leq \frac{\pi}{2}\right\}$$

として

$$I = \iint_D (x+y)\sin(x-y)\,dxdy$$

を求める．ここで

$$u = x+y, \qquad v = x-y$$

とおくと，x,y について解けて

$$x = \frac{u+v}{2}, \qquad y = \frac{u-v}{2}. \tag{5.6}$$

これより，(5.6) で与えられる変換が 1 対 1 であることが分かる．この変換で xy 平面の領域 D に移る uv 平面の領域 E を求めるには，(5.6) を D の条件の式に代入すればよい．ところが元々 $u = x+y,\ v = x-y$ であるから

$$E = \left\{(u,v) : 0 \leq u \leq 1,\ 0 \leq v \leq \frac{\pi}{2}\right\}$$

とすればよいことが分かる (図 5.10 参照)．また，ヤコビアンは

$$\frac{\partial(x,y)}{\partial(u,v)} = \det\begin{pmatrix} \dfrac{1}{2} & \dfrac{1}{2} \\ \dfrac{1}{2} & -\dfrac{1}{2} \end{pmatrix} = -\frac{1}{2}$$

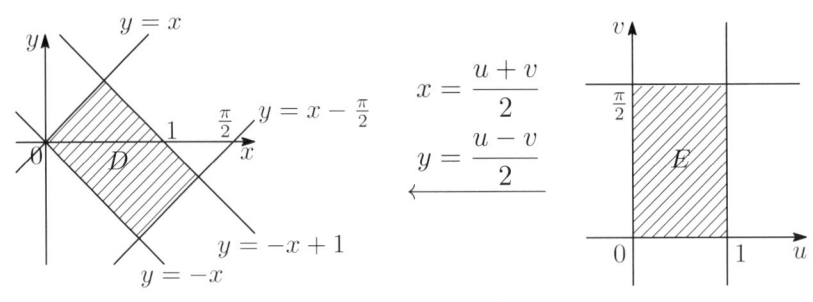

図 5.10: 例 5.2.2 の D と E.

である．以上から定理 5.2.1 を適用して I を求めると

$$I = \iint_E u \sin v \left| -\frac{1}{2} \right| dudv = \frac{1}{2} \int_0^1 u\, du \int_0^{\pi/2} \sin v\, dv = \frac{1}{4}.$$

次に，平面の極座標表示 $x = r\cos\theta$, $y = r\sin\theta$ を重積分の変数変換に利用しよう．このとき，ヤコビアンは

$$\frac{\partial(x,y)}{\partial(r,\theta)} = \det \begin{pmatrix} \cos\theta & -r\sin\theta \\ \sin\theta & r\cos\theta \end{pmatrix} = r$$

となる．極座標変換の際には，これを形式的に

$$dxdy = r\, drd\theta \tag{5.7}$$

と書くと使いやすい．

例 5.2.3 $a > 0$ として，次の重積分を求める．

$$I = \iint_D (x^2 + y^2)\, dxdy, \qquad D = \{(x,y) : x^2 + y^2 \leq a^2,\ y \geq 0\}.$$

被積分関数と D の両方に $x^2 + y^2$ があるので極座標変換 $x = r\cos\theta$, $y = r\sin\theta$ を行う．$r\theta$ 平面の領域 E で xy 平面の領域 D と対応するものは，D を極座標で表したものであるから

$$E = \{(r,\theta) : 0 \leq r \leq a,\ 0 \leq \theta \leq \pi\}$$

となる (図 5.11 参照)．(5.7) に注意して重積分を計算すると

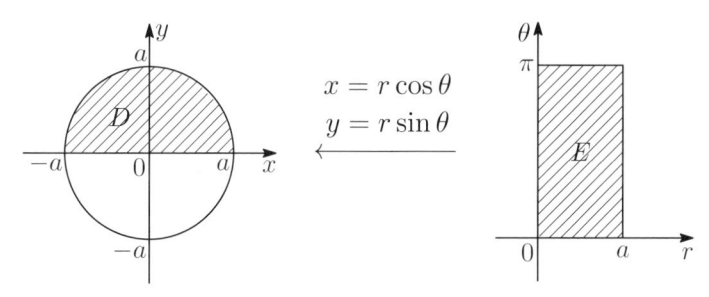

図 **5.11**: 例 5.2.3 の D と E.

$$I = \iint_E r^2 \cdot r\, drd\theta = \int_0^\pi d\theta \int_0^a r^3\, dr = \frac{1}{4}\pi a^4.$$

なお，この例では極座標変換により，$r\theta$ 平面の線分 $r = 0$, $0 \leq \theta \leq \pi$ 上の点がすべて xy 平面の原点に対応しているので，この線分上では 1 対 1 ではない．しかし，このことは積分に全く影響しないので気にする必要はない．

上の例 5.2.3 では原点を基準とする極座標変換を考えたが，領域や被積分関数によっては，点 (a,b) を基準とする極座標 $x = r\cos\theta + a$, $y = r\sin\theta + b$ で変数変換をするとよいこともある．

例 5.2.4 $a > 0$ とする．重積分

$$I = \iint_D f(x,y)\, dxdy, \qquad D = \{(x,y) : x^2 + y^2 \leq 2ax\}$$

を考える．D は $(x-a)^2 + y^2 \leq a^2$ と表されるから，中心 $(a,0)$ 半径 a の円の内部である．このことに注意し，I を二通りの変数変換で計算しよう．

(i) まず，通常の極座標変換 $x = r\cos\theta$, $y = r\sin\theta$ をすると，D に対応するのは

$$\left\{(r,\theta) : -\frac{\pi}{2} \leq \theta \leq \frac{\pi}{2},\ 0 \leq r \leq 2a\cos\theta\right\}$$

である (図 5.12 参照)．この領域は θ に関して単純であるから，定理 5.2.1 と定理 5.1.3 により

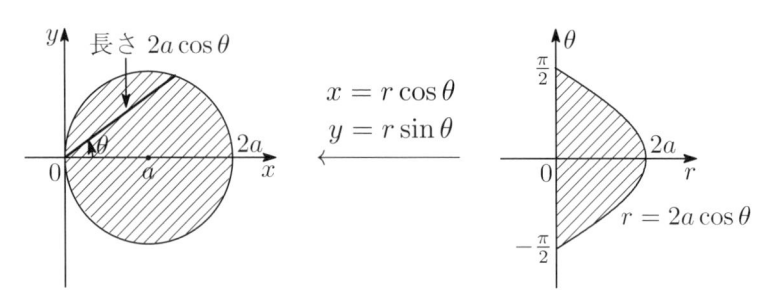

図 5.12: 例 5.2.4 (i) の D とそれに対応する $r\theta$ 平面の領域.

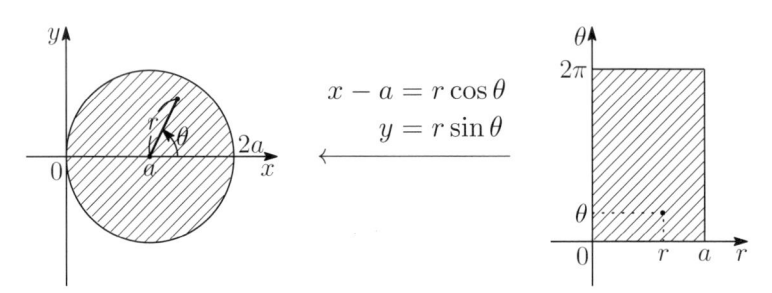

図 5.13: 例 5.2.4 (ii) の D とそれに対応する $r\theta$ 平面の領域 E.

$$I = \int_{-\pi/2}^{\pi/2} d\theta \int_0^{2a\cos\theta} rf(r\cos\theta, r\sin\theta)\, dr. \tag{5.8}$$

(ii) 一方，$x - a = r\cos\theta,\ y = r\sin\theta$ とおくと，D と対応するのは $r\theta$ 平面の長方形

$$E = \{(r, \theta) : 0 \leq \theta \leq 2\pi,\ 0 \leq r \leq a\}$$

である (図 5.13 参照)．なお，ここでの r は点 $(a, 0)$ と点 (x, y) の距離で，θ はベクトル $(x - a, y)$ と x 軸のなす角である．この場合もヤコビアンは r であるから

$$I = \iint_E rf(a + r\cos\theta, r\sin\theta)\, drd\theta. \tag{5.9}$$

どちらが簡単かは被積分関数 $f(x, y)$ によって変わる．例えば $f(x, y) = \sqrt{x^2 + y^2}$ のとき (5.8) を用いると

$$\iint_D \sqrt{x^2+y^2}\,dxdy = \int_{-\pi/2}^{\pi/2} d\theta \int_0^{2a\cos\theta} r^2\,dr = \int_{-\pi/2}^{\pi/2} \frac{8}{3}a^3 \cos^3\theta\,d\theta$$

$$= \frac{16}{3}a^3 \int_0^{\pi/2} \cos^3\theta\,d\theta = \frac{16}{3}a^3 \int_0^{\pi/2} (1-\sin^2\theta)\cos\theta\,d\theta$$

$$= \frac{16}{3}a^3 \int_0^1 (1-t^2)\,dt \quad (t=\sin\theta \text{ で置換})$$

$$= \frac{16}{3}a^3 \cdot \frac{2}{3} = \frac{32}{9}a^3.$$

これを (5.9) で求めるのは難しい.また,$f(x,y)=x$ ならば (5.9) の方が簡単で

$$\iint_D x\,dxdy = \int_0^a dr \int_0^{2\pi} r(a+r\cos\theta)\,d\theta = \int_0^a 2\pi ar\,dr = \pi a^3.$$

なお,$f(x,y)$ が x と y の多項式のときには,後の第 5.5 節のベータ関数に関する定理 5.5.2 (iii)などが役に立つ.

例 5.2.5 重積分を利用して

$$\int_0^\infty e^{-x^2}\,dx = \frac{\sqrt{\pi}}{2} \tag{5.10}$$

を示そう.なお,無限に広い領域でも累次積分や変数変換ができることを認める (以下の注意 5.2.6 参照).式 (5.10) の左辺を I とおくと

$$I^2 = \int_0^\infty e^{-x^2}\,dx \cdot \int_0^\infty e^{-y^2}\,dy = \iint_D e^{-(x^2+y^2)}\,dxdy.$$

ここで $D=\{(x,y): x\geq 0,\ y\geq 0\}$ とおいた.極座標変換をすると $r\theta$ 平面の $E=\{(r,\theta): r\geq 0,\ 0\leq\theta\leq\pi/2\}$ が D に対応する (図 5.14 参照) から,

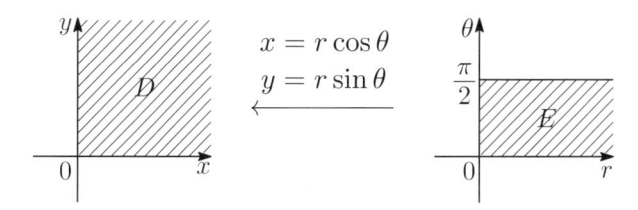

図 **5.14**: 例 5.2.5 の D と E.

$$\iint_D e^{-(x^2+y^2)}\,dxdy = \iint_E e^{-r^2} r\,drd\theta$$
$$= \int_0^{\pi/2} d\theta \int_0^\infty e^{-r^2} r\,dr = \frac{\pi}{2}\left[-\frac{1}{2}e^{-r^2}\right]_0^\infty = \frac{\pi}{4}.$$

これより $I^2 = \pi/4$ が成り立つ．$I > 0$ であるから $I = \sqrt{\pi}/2$ を得る．

注意 5.2.6 I, J を区間とする．区間は $[0, \infty)$ などの無限区間でもよいとする．このとき，$I \times J$ 上の関数 $f(x, y)$ が連続で正ならば

$$\iint_{I \times J} f(x,y)\,dxdy = \int_J dy \int_I f(x,y)\,dx = \int_I dx \int_J f(x,y)\,dy$$

が成り立つ．上の例 5.2.5 ではこの事実を使った．

5.3　3 重積分

3 変数関数の積分 (**3 重積分**) については，2 変数関数のときと比べてさらに複雑になるが，簡単な場合の結果のみ記しておく．まず，定理 5.1.1，定理 5.1.3 と同様に次が成り立つ．定理 5.3.1 (ii) については図 5.15 参照．

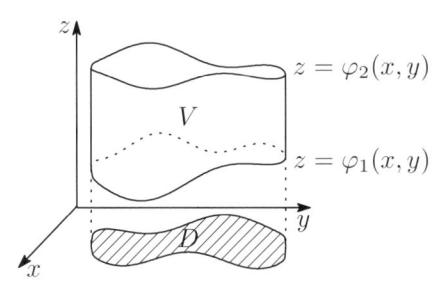

図 5.15: $V = \{(x, y, z) : (x, y) \in D,\ \varphi_1(x, y) \leq z \leq \varphi_2(x, y)\}$

定理 5.3.1 V を xyz 空間の領域とし，$f(x, y, z)$ は V 上連続とする．
(i) $V = \{(x, y, z) : a \leq x \leq b,\ c \leq y \leq d,\ p \leq z \leq q\}$ ならば

$$\iiint_V f(x,y,z)\,dxdydz = \int_a^b dx \int_c^d dy \int_p^q f(x,y,z)\,dz.$$

ここで，右辺の積分の順序は任意に交換できる．

(ii) xy 平面の単純領域を D とし，D 上 $\varphi_1(x,y) \leq \varphi_2(x,y)$ とする．このとき，$V = \{(x,y,z) : (x,y) \in D,\ \varphi_1(x,y) \leq z \leq \varphi_2(x,y)\}$ ならば

$$\iiint_V f(x,y,z)\,dxdydz = \iint_D \left(\int_{\varphi_1(x,y)}^{\varphi_2(x,y)} f(x,y,z)\,dz \right) dxdy.$$

さらに，定理 5.1.9 と同様に次が成り立つ．

定理 5.3.2 xyz 空間の領域 V と，その上の連続関数 $f(x,y,z)$ と $g(x,y,z)$ について以下が成り立つ．

(i) 領域 V が二つの領域 V_1 と V_2 に分割されるとき

$$\iiint_V f\,dxdydz = \iiint_{V_1} f\,dxdydz + \iiint_{V_2} f\,dxdydz.$$

(ii) α, β を定数とすると

$$\iiint_V (\alpha f + \beta g)\,dxdydz = \alpha \iiint_V f\,dxdydz + \beta \iiint_V g\,dxdydz.$$

また，V の体積は次で与えられる．

$$\iiint_V dxdydz = \iiint_V 1\,dxdydz = (V \text{ の体積}).$$

例 5.3.3 $V = \{(x,y,z) : x \geq 0, y \geq 0, z \geq 0, x+y+z \leq 1\}$ として，3 重積分

$$I = \iiint_V z\,dxdydz$$

を求めよう．V は xy 平面の領域

$$D = \{(x,y) : 0 \leq x \leq 1,\ 0 \leq y \leq 1-x\}$$

上にあるから，V を定理 5.3.1 (ii) の形に書き直すと

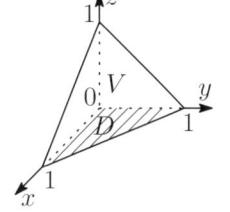

$$V = \{(x,y,z) : (x,y) \in D,\ 0 \leq z \leq 1-x-y\}$$

となる．従って，

$$
\begin{aligned}
I &= \iint_D \left(\int_0^{1-x-y} z\,dz \right) dxdy = \iint_D \left[\frac{1}{2}z^2 \right]_{z=0}^{z=1-x-y} dxdy \\
&= \iint_D \frac{1}{2}(1-x-y)^2\,dxdy = \int_0^1 dx \int_0^{1-x} \frac{1}{2}(1-x-y)^2\,dy \\
&= \int_0^1 \left[-\frac{1}{6}(1-x-y)^3 \right]_{y=0}^{y=1-x} dx \\
&= \frac{1}{6} \int_0^1 (1-x)^3\,dx = \left[-\frac{1}{24}(1-x)^4 \right]_0^1 = \frac{1}{24}.
\end{aligned}
$$

また，3 重積分の変数変換については，次の定理が成り立つ．

定理 5.3.4　変数変換　変換 $x = x(u,v,w)$, $y = y(u,v,w)$, $z = z(u,v,w)$ により uvw 空間の領域 U が xyz 空間の領域 V に 1 対 1 に移っているとする．このとき

$$
\begin{aligned}
&\iiint_V f(x,y,z)\,dxdydz \\
&= \iiint_U f\bigl(x(u,v,w), y(u,v,w), z(u,v,w)\bigr) \left| \frac{\partial(x,y,z)}{\partial(u,v,w)} \right| dudvdw
\end{aligned}
$$

が成り立つ．ただし

$$
\frac{\partial(x,y,z)}{\partial(u,v,w)} = \det \begin{pmatrix} \dfrac{\partial x}{\partial u} & \dfrac{\partial x}{\partial v} & \dfrac{\partial x}{\partial w} \\ \dfrac{\partial y}{\partial u} & \dfrac{\partial y}{\partial v} & \dfrac{\partial y}{\partial w} \\ \dfrac{\partial z}{\partial u} & \dfrac{\partial z}{\partial v} & \dfrac{\partial z}{\partial w} \end{pmatrix}
$$

は x, y, z の u, v, w に関するヤコビアンである．

■ 空間極座標

ここで，空間極座標について説明しよう．空間 $\mathbb{R}^3$ 上の点 $\mathrm{P}(x,y,z)$ に対し，線分 OP の長さ $\sqrt{x^2+y^2+z^2}$ を r とする．$r \neq 0$ のとき，線分 OP と z 軸

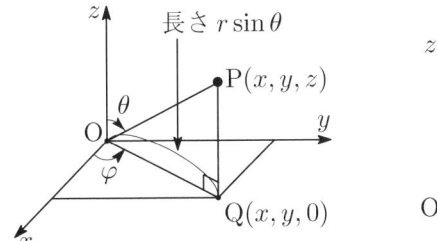

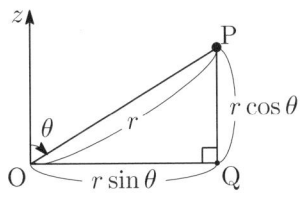

図 5.16: 点 P の極座標表示．右は 3 点 O，P，Q を通る平面で切ったときの断面図．

のなす角を θ ($0 \leq \theta \leq \pi$) とする．次に，点 P を xy 平面に射影した点 Q$(x, y, 0)$ をとり，線分 OQ と x 軸のなす角を φ とする．φ の範囲は $0 \leq \varphi < 2\pi$ または $-\pi < \varphi \leq \pi$ とすることが多い．3 数の組 (r, θ, φ) を点 P(x, y, z) の**空間極座標**と呼ぶ (図 5.16 参照)．r, θ, φ を用いて x, y, z を表すと

$$x = r\sin\theta\cos\varphi, \qquad y = r\sin\theta\sin\varphi, \qquad z = r\cos\theta. \tag{5.11}$$

一つ注意をしておくと，原点 O と異なる z 軸上の点では φ は定まらず，原点においては θ も φ も定まらない．しかし，空間の極座標で変数変換する際，このことは積分には影響しないので気にする必要はない．x, y, z の r, θ, φ に関するヤコビアンは

$$\frac{\partial(x, y, z)}{\partial(r, \theta, \varphi)} = \det\begin{pmatrix} \sin\theta\cos\varphi & r\cos\theta\cos\varphi & -r\sin\theta\sin\varphi \\ \sin\theta\sin\varphi & r\cos\theta\sin\varphi & r\sin\theta\cos\varphi \\ \cos\theta & -r\sin\theta & 0 \end{pmatrix} = r^2\sin\theta$$

である．これを形式的に

$$dxdydz = r^2\sin\theta\, drd\theta d\varphi \tag{5.12}$$

と書くと便利である．この変数変換で 3 重積分を計算する例を挙げよう．

例 5.3.5 $a > 0$ とし，次の 3 重積分を求める．

$$I = \iiint_V z^2\, dxdydz, \qquad V = \{(x, y, z) : x^2 + y^2 + z^2 \leq a^2,\ z \geq 0\}.$$

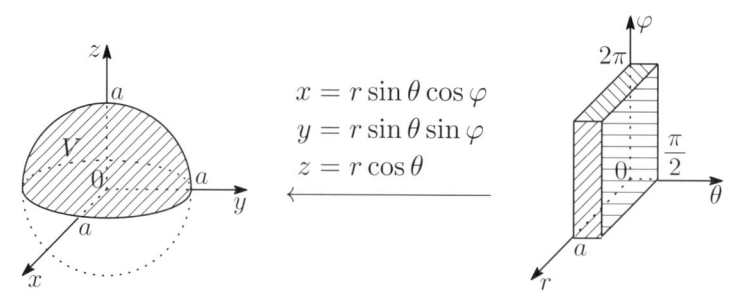

図 5.17: 例 5.3.5 の V と U.

極座標変換 (5.11) を適用した場合，変数 r, θ, φ の意味を考えると，V と対応する $r\theta\varphi$ 空間の領域 U は

$$U = \left\{ (r, \theta, \varphi) : 0 \leq r \leq a,\ 0 \leq \theta \leq \frac{\pi}{2},\ 0 \leq \varphi \leq 2\pi \right\}$$

となる (図 5.17 参照)．(5.12) に注意して定理 5.3.4 を適用すると

$$I = \iiint_U (r\cos\theta)^2\, r^2 \sin\theta\, drd\theta d\varphi = \iiint_U r^4 \cos^2\theta \sin\theta\, drd\theta d\varphi$$

$$= \int_0^{2\pi} d\varphi \int_0^a r^4 dr \int_0^{\pi/2} \cos^2\theta \sin\theta\, d\theta$$

$$= 2\pi \cdot \frac{a^5}{5} \left[-\frac{1}{3} \cos^3\theta \right]_0^{\pi/2} = \frac{2}{15}\pi a^5.$$

5.4 体積と曲面の面積

■ 体積

xyz 空間の領域 V の体積の求め方は，おおよそ次の 3 通りである．

(i) $\iiint_V dxdydz$ を直接計算する．

(ii) $V = \{(x, y, z) : (x, y) \in D,\ \varphi_1(x, y) \leq z \leq \varphi_2(x, y)\}$ と表してから $\iint_D (\varphi_2(x, y) - \varphi_1(x, y)) dxdy$ を計算する．

(iii) 座標軸に垂直な平面で切った切り口の面積を積分する．

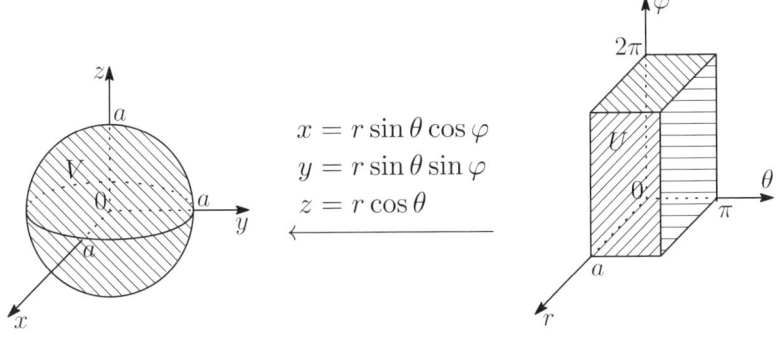

図 5.18: 例 5.4.1 の V と U.

これらの方法を使って様々な立体の体積を求めてみよう．

例 5.4.1　半径 a の球の体積を(i)の方法で求めよう．即ち，
$$\iiint_V dxdydz, \quad V = \{(x,y,z) : x^2 + y^2 + z^2 \leq a^2\}$$
を求めればよい．ここで，空間の極座標変換 (5.11)
$$x = r\sin\theta\cos\varphi, \quad y = r\sin\theta\sin\varphi, \quad z = r\cos\theta$$
を用いると，V に対応する $r\theta\varphi$ 空間の領域 U は
$$U = \{(r,\theta,\varphi) : 0 \leq r \leq a, \ 0 \leq \theta \leq \pi, \ 0 \leq \varphi \leq 2\pi\}$$
となる (図 5.18 参照)．従って，定理 5.3.4 と (5.12) により
$$\iiint_V dxdydz = \iiint_U r^2\sin\theta\, drd\theta d\varphi = \int_0^{2\pi} d\varphi \int_0^\pi \sin\theta\, d\theta \int_0^a r^2 dr$$
$$= 2\pi \cdot 2 \cdot \frac{a^3}{3} = \frac{4\pi a^3}{3}.$$

例 5.4.2　(i)を使う別の例として
$$V = \{(x,y,z) : |x+y| \leq 1, \ |y+2z| \leq 1, \ |3y-z| \leq 1\}$$
の体積を求める．

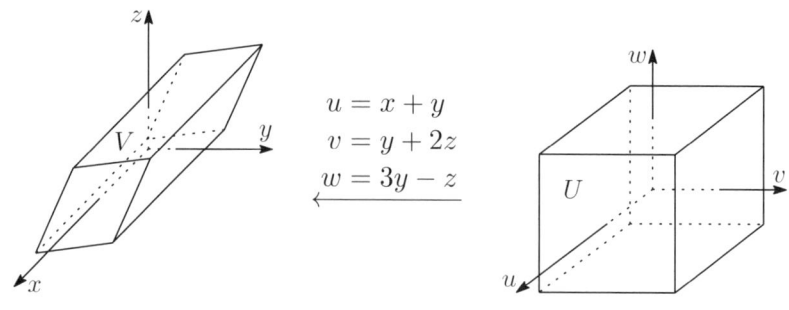

図 **5.19**: 例 5.4.2 の V と U.

$$u = x+y, \quad v = y+2z, \quad w = 3y-z \qquad (5.13)$$

とおくと，V と対応するのは

$$U = \{(u,v,w) : |u| \le 1, \ |v| \le 1, \ |w| \le 1\}$$

である (図 5.19 参照)．また，(5.13) を x, y, z について解くと

$$x = u - \frac{1}{7}v - \frac{2}{7}w, \quad y = \frac{1}{7}v + \frac{2}{7}w, \quad z = \frac{3}{7}v - \frac{1}{7}w.$$

よって対応 (5.13) は 1 対 1 である．またヤコビアンは

$$\frac{\partial(x,y,z)}{\partial(u,v,w)} = \det \begin{pmatrix} 1 & -\frac{1}{7} & -\frac{2}{7} \\ 0 & \frac{1}{7} & \frac{2}{7} \\ 0 & \frac{3}{7} & -\frac{1}{7} \end{pmatrix} = -\frac{1}{7}.$$

よって，定理 5.3.4 により

$$\iiint_V dxdydz = \iiint_U \left| -\frac{1}{7} \right| dudvdw = \frac{1}{7} \cdot 8 = \frac{8}{7}.$$

2 番目の等号は，$\iiint_U dudvdw$ が 3 辺の長さが 2 の立方体の体積であることによる．

例 5.4.3 円柱 $x^2 + y^2 = a^2$ の内部で，平面 $z = 0$ と $z = y + a$ で囲まれた部分を V とする (図 5.20 参照)．V の体積を(ii)の方法で求めてみよう．xy 平面

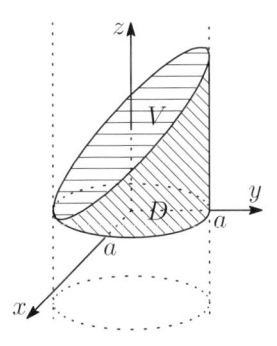

の領域 D を $D = \{(x,y) : x^2 + y^2 \leq a^2\}$ とすると，V は D の上にあるから

$$V = \{(x,y,z) : (x,y) \in D,\ 0 \leq z \leq y+a\}$$

と表される．従って，求める体積は $\iint_D (y+a)\,dxdy$ である．D を x に関して単純な領域で表すと

$$D = \{(x,y) : -a \leq x \leq a,\ -\sqrt{a^2 - x^2} \leq y \leq \sqrt{a^2 - x^2}\}$$

であるから，定理 5.1.3 (i) により

$$\iint_D (y+a)\,dxdy = \int_{-a}^{a} dx \int_{-\sqrt{a^2-x^2}}^{\sqrt{a^2-x^2}} (y+a)\,dy$$
$$= 2a \int_{-a}^{a} \sqrt{a^2 - x^2}\,dx = 2a \cdot \frac{a^2 \pi}{2} = a^3 \pi.$$

なお，極座標変換を利用してもやはり $a^3\pi$ が得られる．

例 5.4.4 2 つの円柱 $x^2 + y^2 \leq a^2$ と $y^2 + z^2 \leq a^2$ の共通部分 V の体積を (iii) の方法で求めよう．平面 $y = t$ での切り口を考えよう．t の範囲は $-a \leq t \leq a$ で，切り口は $x^2 \leq a^2 - t^2$ かつ $z^2 \leq a^2 - t^2$ の部分 (図 5.21 の斜線部分)，即ち

$$|x| \leq \sqrt{a^2 - t^2} \quad \text{かつ} \quad |z| \leq \sqrt{a^2 - t^2}$$

である．これは正方形であり，この面積は $4(a^2 - t^2)$．従って，求める体積は

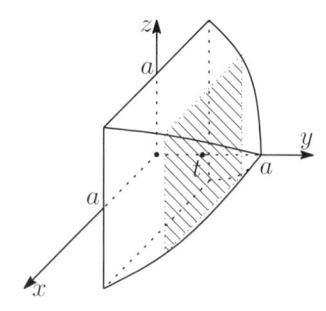

図 5.21: 例 5.4.4 の V のうち, 特に $y \geq 0$ の部分.

$$\int_{-a}^{a} 4(a^2 - t^2)\, dt = 8 \int_0^a (a^2 - t^2)\, dt = 8 \left[a^2 t - \frac{1}{3} t^3 \right]_0^a = \frac{16}{3} a^3.$$

因みに, 平面 $x = t$ や $z = t$ での断面積を積分するのは簡単ではない.

■ 曲面の面積

第 3.5 節で述べたように, 曲線の長さは積分で表された. 同様に, 曲面の面積は重積分で求められることが知られている (図 5.22 参照).

定理 5.4.5 D を xy 平面の領域とする. 曲面 $z = f(x, y)$, $(x, y) \in D$ の面積 S は次の式で与えられる.

$$S = \iint_D \sqrt{1 + f_x(x, y)^2 + f_y(x, y)^2}\, dxdy.$$

例 5.4.6 曲面 $z = x^2 + y^2$ の円柱 $x^2 + y^2 = 2$ の内部にある部分の面積を求

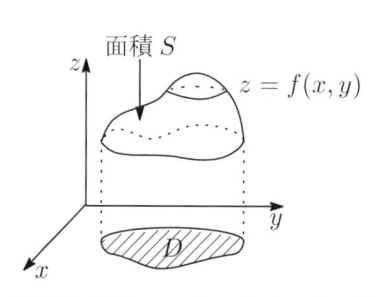

図 5.22: 曲面 $z = f(x, y)$, $(x, y) \in D$ の面積 S.

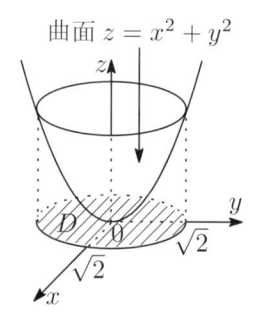

図 5.23: 例 5.4.6 の曲面と D.

める (図 5.23 参照). xy 平面の領域 D を $D = \{(x,y) : x^2 + y^2 \leq 2\}$ とすると, 考えている曲面は $z = x^2 + y^2$, $(x,y) \in D$ である. $z_x = 2x$, $z_y = 2y$ であるから, 定理 5.4.5 により

$$S = \iint_D \sqrt{1 + 4(x^2 + y^2)}\, dxdy.$$

ここで極座標 $x = r\cos\theta$, $y = r\sin\theta$ により変数変換すると, $\{(r,\theta) : 0 \leq r \leq \sqrt{2}, 0 \leq \theta \leq 2\pi\}$ が D に移るから,

$$\begin{aligned}
S &= \int_0^{2\pi} d\theta \int_0^{\sqrt{2}} r\sqrt{1+4r^2}\, dr \\
&= 2\pi \cdot \frac{1}{8} \int_1^9 \sqrt{t}\, dt \quad (t = 1+4r^2 \text{ で置換}) \\
&= \frac{\pi}{4} \left[\frac{2}{3} t^{3/2}\right]_1^9 = \frac{\pi}{6} \cdot 26 = \frac{13\pi}{3}.
\end{aligned}$$

平面上の曲線を座標軸のまわりに回転してできる曲面の面積は, 次の定理を用いることでより簡単に求められる.

定理 5.4.7 $a \leq x \leq b$ に対し $f(x) \geq 0$ とする. このとき, 曲線 $y = f(x)$ ($a \leq x \leq b$) を x 軸のまわりに回転してできる曲面の面積 S は

$$S = 2\pi \int_a^b f(x)\sqrt{1 + f'(x)^2}\, dx.$$

【証明】回転してできる曲面は領域

$$D = \{(x,y) : a \leq x \leq b,\ -f(x) \leq y \leq f(x)\}$$

の上下にある (図 5.24 参照). その回転体を平面 $x = t$ ($a \leq t \leq b$) で切ったときの切り口は $y^2 + z^2 = f(t)^2$ だから, 今考えている曲面の式は $y^2 + z^2 = f(x)^2$, $(x,y) \in D$ である. 求める面積 S はこの曲面の $z \geq 0$ の部分 $z = \sqrt{f(x)^2 - y^2}$, $(x,y) \in D$ の面積の 2 倍である. ここで

$$z_x = \frac{f(x)f'(x)}{\sqrt{f(x)^2 - y^2}}, \qquad z_y = -\frac{y}{\sqrt{f(x)^2 - y^2}}$$

だから,

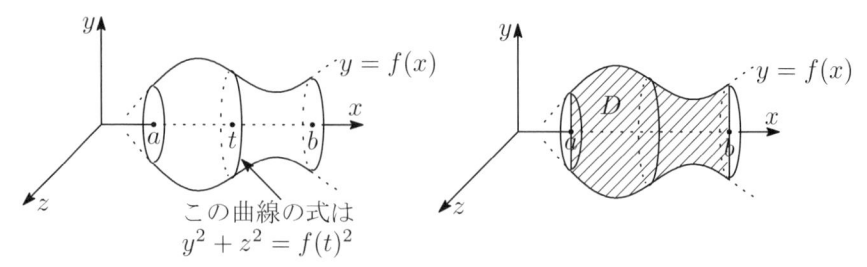

図 5.24: 曲線 $y = f(x)$ $(a \leq x \leq b)$ を x 軸のまわりに回転してできる曲面 (左) と，定理 5.4.7 の証明中の D (右).

$$\sqrt{1 + (z_x)^2 + (z_y)^2} = \frac{f(x)\sqrt{1 + f'(x)^2}}{\sqrt{f(x)^2 - y^2}}.$$

よって，定理 5.4.5 により

$$S = 2\iint_D \sqrt{1 + (z_x)^2 + (z_y)^2}\, dxdy$$
$$= 2\int_a^b f(x)\sqrt{1 + f'(x)^2}\, dx \int_{-f(x)}^{f(x)} \frac{dy}{\sqrt{f(x)^2 - y^2}}.$$

$y = sf(x)$ と置換すれば

$$\int_{-f(x)}^{f(x)} \frac{dy}{\sqrt{f(x)^2 - y^2}} = \int_{-1}^{1} \frac{ds}{\sqrt{1 - s^2}} = \text{Arcsin}\, 1 - \text{Arcsin}(-1) = \pi.$$

これより定理の式が得られる． ∎

例 5.4.8 半径 a の球の表面積を求めよう．それには定理 5.4.7 で $f(x) = \sqrt{a^2 - x^2}$ $(-a \leq x \leq a)$ とすればよい．$f'(x) = -x/\sqrt{a^2 - x^2}$ だから

$$f(x)\sqrt{1 + f'(x)^2} = \sqrt{a^2 - x^2} \cdot \frac{a}{\sqrt{a^2 - x^2}} = a.$$

従って，求める表面積は

$$2\pi \int_{-a}^{a} f(x)\sqrt{1 + f'(x)^2}\, dx = 2\pi \int_{-a}^{a} a\, dx = 4\pi a^2.$$

5.5　ガンマ関数とベータ関数，その2

　ここでは第3.4節で扱ったガンマ関数とベータ関数について，少し進んだ内容を扱う．まず定義を確認しておこう．

$$\text{ガンマ関数：}\quad \Gamma(s) = \int_0^\infty e^{-x} x^{s-1} dx \qquad (s > 0),$$

$$\text{ベータ関数：}\quad B(p,q) = \int_0^1 x^{p-1}(1-x)^{q-1} dx \qquad (p > 0, q > 0).$$

ガンマ関数に関し，次が成り立つ．

定理 5.5.1　(i) $\Gamma(s+1) = s\,\Gamma(s) \quad (s > 0)$.
(ii) $\Gamma(n) = (n-1)! \quad (n = 1, 2, 3, \ldots)$.
(iii) $\Gamma\left(\dfrac{1}{2}\right) = \sqrt{\pi}$.

【証明】 性質(i), (ii)は既に定理3.4.1で示している．そこで，性質(iii)を示そう．以下のように，$t = \sqrt{x}$ で置換積分すると $dx/dt = 2t$ であるから

$$\Gamma\left(\frac{1}{2}\right) = \int_0^\infty e^{-x} \frac{1}{\sqrt{x}} dx = 2\int_0^\infty e^{-t^2} dt = \sqrt{\pi}$$

が分かる．なお，最後の等号で(5.10)を用いた．■

　定理5.5.1の(i)と(iii)を用いると，正の整数 n について $\Gamma\left(n + \dfrac{1}{2}\right)$ の値が分かる．例えば $\Gamma(5/2)$ を求めてみよう．定理5.5.1の(i)を2回用いてから(iii)を使えば

$$\Gamma\left(\frac{5}{2}\right) = \Gamma\left(\frac{3}{2} + 1\right) = \frac{3}{2}\Gamma\left(\frac{3}{2}\right) = \frac{3}{2} \cdot \frac{1}{2}\Gamma\left(\frac{1}{2}\right) = \frac{3}{4}\sqrt{\pi}.$$

ベータ関数 $B(p,q)$ が有限になることは既に定理3.4.2で見た．そこで以下，ベータ関数の性質を述べよう．

定理 5.5.2 (i) $B(p,q) = B(q,p)$.

(ii) $B(p,q) = 2\int_0^{\pi/2} (\sin\theta)^{2p-1}(\cos\theta)^{2q-1} d\theta$.

(iii) $a, b > -1$ ならば $\int_0^{\pi/2} \sin^a\theta \cos^b\theta\, d\theta = \dfrac{1}{2} B\left(\dfrac{a+1}{2}, \dfrac{b+1}{2}\right)$.

【証明】(i) $B(p,q)$ の定義式を $t = 1 - x$ と置換積分すると，

$$B(p,q) = \int_0^1 x^{p-1}(1-x)^{q-1} dx = \int_0^1 (1-t)^{p-1} t^{q-1} dt = B(q,p).$$

(ii) $x = \sin^2\theta$ と置換積分すると，$dx/d\theta = 2\sin\theta\cos\theta$ であるから

$$\begin{aligned}
B(p,q) &= \int_0^1 x^{p-1}(1-x)^{q-1} dx \\
&= \int_0^{\pi/2} (\sin\theta)^{2(p-1)}(\cos\theta)^{2(q-1)} 2\sin\theta\cos\theta\, d\theta \\
&= 2\int_0^{\pi/2} (\sin\theta)^{2p-1}(\cos\theta)^{2q-1} d\theta.
\end{aligned}$$

(iii)は(ii)で $a = 2p - 1$, $b = 2q - 1$ とおけばよい.

次の定理は，ベータ関数とガンマ関数を結びつける重要なものである．

定理 5.5.3
$$B(p,q) = \frac{\Gamma(p)\Gamma(q)}{\Gamma(p+q)}.$$

【証明】まず $\Gamma(s)$ の定義式で $x = u^2$ と置換すれば

$$\Gamma(s) = \int_0^\infty e^{-x} x^{s-1} dx = 2\int_0^\infty e^{-u^2} u^{2s-1} du. \tag{5.14}$$

この式と注意 5.2.6 により，$D = \{(x,y) : x > 0,\ y > 0\}$ とすると

$$\begin{aligned}
\Gamma(q)\Gamma(p) &= 2\int_0^\infty e^{-x^2} x^{2q-1} dx \cdot 2\int_0^\infty e^{-y^2} y^{2p-1} dy \\
&= 4\iint_D e^{-(x^2+y^2)} x^{2q-1} y^{2p-1} dxdy
\end{aligned}$$

となる．ここで最後の項を I とおく．積分 I に対し極座標変換 $x = r\cos\theta$, $y = r\sin\theta$ を行うと，D に対応するのは $r > 0$, $0 < \theta < \pi/2$ であるから

$$I = 4\int_0^{\pi/2} d\theta \int_0^\infty e^{-r^2}(r\cos\theta)^{2q-1}(r\sin\theta)^{2p-1}\, r\, dr$$
$$= 2\int_0^{\pi/2}(\sin\theta)^{2p-1}(\cos\theta)^{2q-1}d\theta \cdot 2\int_0^\infty e^{-r^2}r^{2(p+q)-1}dr$$
$$= B(p,q)\Gamma(p+q)$$

が成り立つ．ただし，最後の等式では定理 5.5.2 (ii) と (5.14) を用いた．

例 5.5.4 定理 5.5.2 (iii) と定理 5.5.3 を順に利用すれば
$$\int_0^{\pi/2} \sin^7\theta \cos^9\theta\, d\theta = \frac{1}{2}B(4,5) = \frac{\Gamma(4)\Gamma(5)}{2\,\Gamma(9)} = \frac{3!\cdot 4!}{2\cdot 8!} = \frac{1}{560}.$$
なお，3 番目の等式で定理 5.5.1 (ii) を使った．

例 5.5.5 $b > a > 0$ のとき
$$\int_0^\infty \frac{x^{a-1}}{(1+x)^b}\, dx = \frac{\Gamma(b-a)\Gamma(a)}{\Gamma(b)}$$
を示そう．まず，$t = 1/(1+x)$ で置換すると $x: 0 \to \infty$ のとき $t: 1 \to 0$ である．また，$x = (1-t)/t$ より $dx/dt = -1/t^2$．これより
$$\int_0^\infty \frac{x^{a-1}}{(1+x)^b}\, dx = \int_0^1 t^b \left(\frac{1-t}{t}\right)^{a-1}\frac{1}{t^2}\, dt = \int_0^1 t^{b-a-1}(1-t)^{a-1}dt.$$
最後の項の値は $B(b-a, a)$ であり，これに定理 5.5.3 を適用すればよい．

5.A 付録 微分と積分の順序交換

この節では，微分と積分の順序交換について述べる．

定理 5.A.1 $f(x,y), f_y(x,y)$ が $D = [a,b] \times [c,d]$ で連続ならば，次が成り立つ．
$$\frac{d}{dy}\int_a^b f(x,y)\, dx = \int_a^b \frac{\partial}{\partial y}f(x,y)\, dx.$$

【証明】上式の右辺を $G(y)$ とおく．f_y が D で連続だから，$G(y)$ を c から t

$(c < t \leq d)$ まで積分すれば,定理 5.1.1 により積分順序の交換ができて,

$$\int_c^t G(y)\,dy = \int_c^t \left(\int_a^b f_y(x,y)\,dx\right) dy = \int_a^b \left(\int_c^t f_y(x,y)\,dy\right) dx$$
$$= \int_a^b \Big[f(x,y)\Big]_{y=c}^{y=t} dx = \int_a^b \big(f(x,t) - f(x,c)\big)\,dx$$
$$= \int_a^b f(x,t)\,dx - (\text{定数}).$$

変数 t を y で書き換えると

$$\int_a^b f(x,y)\,dx = \int_c^y G(s)\,ds + (\text{定数}).$$

これの両辺を y で微分すると

$$\frac{d}{dy}\int_a^b f(x,y)\,dx = \frac{d}{dy}\int_c^y G(y)\,dy = G(y)$$

となり,定理が得られた. ∎

例 5.A.2 f が定理 5.A.1 の条件をみたすとする.また,$\varphi(y)$ $(c \leq y \leq d)$ は微分可能で $a \leq \varphi(y) \leq b$ とする.このとき

$$\frac{d}{dy}\int_a^{\varphi(y)} f(x,y)\,dx = f\big(\varphi(y),y\big)\,\varphi'(y) + \int_a^{\varphi(y)} f_y(x,y)\,dx$$

を示そう.$a \leq t \leq b$ に対し $H(t,y) = \int_a^t f(x,y)\,dx$ とおく.定理 3.1.1 と定理 5.A.1 により

$$\frac{\partial H}{\partial t}(t,y) = f(t,y), \qquad \frac{\partial H}{\partial y}(t,y) = \int_a^t f_y(x,y)\,dx.$$

$H\big(\varphi(y),y\big)$ を y で微分すればよいので,連鎖律 (定理 4.3.1) を用いて

$$\frac{d}{dy}H\big(\varphi(y),y\big) = \frac{\partial H}{\partial t}\big(\varphi(y),y\big)\,\varphi'(y) + \frac{\partial H}{\partial y}\big(\varphi(y),y\big)$$
$$= f\big(\varphi(y),y\big)\,\varphi'(y) + \int_a^{\varphi(y)} f_y(x,y)\,dx.$$

これが求める式である.

演習問題

□ 第 5.1 節の問題

1. 次の重積分を計算せよ．

(1) $\iint_D x \sin y \, dxdy,$ $\quad D = [0,4] \times [0,\pi].$

(2) $\iint_D (x+y)^2 \, dxdy,$ $\quad D = [2,3] \times [-2,0].$

(3) $\iint_D \dfrac{dxdy}{(x+y+1)^2},$ $\quad D = [0,2] \times [0,3].$

(4) $\iint_D y \cos(xy) \, dxdy,$ $\quad D = [0,1] \times [0,\pi/3].$

2. 次の重積分を計算せよ．

(1) $\iint_D (x+y)^3 dxdy,$ $\quad D : 0 \leq y \leq x \leq 1.$

(2) $\iint_D \sqrt{xy} \, dxdy,$ $\quad D : 0 \leq x \leq 1, \ 0 \leq y \leq x^2.$

(3) $\iint_D x \, dxdy,$ $\quad D : 1 \leq x \leq e, \ 0 \leq y \leq \log x.$

(4) $\iint_D \dfrac{dxdy}{\sqrt{a^2 - y^2}},$ $\quad D : x^2 + y^2 \leq a^2.$

(5) $\iint_D (2y - x^2) \, dxdy,$ $\quad D : x^2 \leq y \leq 1.$

(6) $\iint_D \sin(y^2) \, dxdy,$ $\quad D : 0 \leq x \leq y \leq \sqrt{\pi}.$

3. 次の積分の順序を交換せよ．

(1) $\displaystyle\int_0^2 dx \int_{x^2}^{2x} f(x,y) \, dy$ $\qquad$ (2) $\displaystyle\int_0^1 dy \int_{y^2}^{\sqrt{y}} f(x,y) \, dx$

(3) $\displaystyle\int_0^2 dx \int_x^{2x} f(x,y) \, dy$ $\qquad$ (4) $\displaystyle\int_0^2 dx \int_{-x}^{x^3} f(x,y) \, dy$

□ 第 5.2 節の問題

1. 適当な変数変換を用いて，次の重積分を計算せよ．

(1) $\iint_D (x+y)e^{x-2y}\,dxdy$, $\qquad D: 1 \leq x+y \leq 3,\ 0 \leq x-2y \leq 1$.

(2) $\iint_D (x+2y)^3\,dxdy$, $\qquad D: 0 \leq x-y \leq 1,\ 0 \leq x+2y \leq 2$.

(3) $\iint_D (x^2-y^2)^2\,dxdy$, $\qquad D: |x-y| \leq 1,\ |x+y| \leq 3$.

(4) $\iint_D \exp\left(\dfrac{x-y}{x+y}\right) dxdy$, $\qquad D: x+y \leq 1,\ x \geq 0,\ y \geq 0$.

2. 極座標変換を用いて，次の重積分を計算せよ．

(1) $\iint_D \dfrac{dxdy}{(x^2+y^2)^2}$, $\qquad D: 1 \leq x^2+y^2 \leq 4$.

(2) $\iint_D e^{x^2+y^2}\,dxdy$, $\qquad D: x^2+y^2 \leq 1,\ x \geq 0$.

(3) $\iint_D x\,dxdy$, $\qquad D: x^2+y^2 \leq 9,\ x \geq 0,\ y \geq 0$.

(4) $\iint_D \dfrac{dxdy}{\sqrt{x^2+y^2}}$, $\qquad D: x^2+y^2 \leq x$.

(5) $\iint_D y^2\,dxdy$, $\qquad D: x^2+y^2 \leq 2x$.

(6) $\iint_D xy\,dxdy$, $\qquad D: \dfrac{x^2}{a^2}+\dfrac{y^2}{b^2} \leq 1,\ x \geq 0,\ y \geq 0$.

3. 次の積分を求めよ．

(1) $\displaystyle\int_{-\infty}^{\infty} \exp\left(-\dfrac{x^2}{2}\right) dx$ $\qquad$ (2) $\displaystyle\int_{-\infty}^{\infty} \exp\left(-\dfrac{x^2}{2}+x\right) dx$

□ 第 5.3 節の問題

1. 次の 3 重積分を計算せよ．

(1) $\iiint_V (x+y+z)\,dxdydz,$ $V: 0 \leq x,y,z \leq 1.$

(2) $\iiint_V \sin(x+y+z)\,dxdydz,$ $V: 0 \leq x,y,z \leq \pi.$

(3) $\iiint_V (1-x)^2\,dxdydz,$ $V: x+y+z \leq 1,\ x,y,z \geq 0.$

(4) $\iiint_V (x^2+y^2)\,dxdydz,$ $V: x^2+y^2 \leq z \leq 1.$

(5) $\iiint_V \dfrac{xz}{\sqrt{x^2+y^2+z^2}}\,dxdydz,$ $V: x^2+y^2+z^2 \leq 1,\ x,y,z \geq 0.$

(6) $\iiint_V \dfrac{dxdydz}{\sqrt{x^2+y^2+(z-1)^2}},$ $V: x^2+y^2+z^2 \leq 1.$

□ 第 5.4 節の問題

1. 次の図形の体積を求めよ．
(1) $0 \leq x+2y \leq 1,\ 1 \leq y+z \leq 2,\ 0 \leq x+y+z \leq 3.$
(2) $\sqrt{x}+\sqrt{y}+\sqrt{z} \leq 1.$
(3) 曲面 $x^2+y^2=2z$ と平面 $z=x$ とで囲まれた部分
(4) 円柱 $x^2+y^2 \leq x$ が，曲面 $x=z^2$ により切り取られる部分

2. 次の曲面の面積を求めよ．$(a>b>0)$
(1) 円柱面 $x^2+z^2=a^2$ で，楕円柱 $\dfrac{x^2}{a^2}+\dfrac{y^2}{b^2}=1$ の内部にある部分
(2) 円錐面 $z=\sqrt{x^2+y^2}$ で，球 $x^2+y^2+z^2=a^2$ の内部にある部分
(3) 球面 $x^2+y^2+z^2=a^2$ で，円柱面 $x^2+y^2=b^2$ の内部にある部分

3. 次の曲線を x 軸のまわりに回転してできる曲面の面積を求めよ．

(1) $y = 2\sqrt{x}$ $\qquad (0 \leq x \leq 3)$

(2) $y = \cosh x$ $\qquad (0 \leq x \leq 1)$

(3) $x^2 + (y-b)^2 = a^2$ $\qquad (b > a > 0)$

(4) $x^{2/3} + y^{2/3} = 1$

☐ **第 5.5 節の問題**

1. ガンマ関数を用いて，次の積分の値を求めよ．

(1) $\displaystyle\int_0^\infty e^{-2x} x^3 \, dx$ $\qquad$ (2) $\displaystyle\int_0^\infty e^{-x^2} x^4 \, dx$

(3) $\displaystyle\int_0^\infty e^{-\sqrt{x}} x^2 \, dx$ $\qquad$ (4) $\displaystyle\int_0^1 x^2 (-\log x)^3 \, dx$

2. ベータ関数・ガンマ関数を用いて，次の積分の値を求めよ．

(1) $\displaystyle\int_0^{\pi/2} \sin^4\theta \cos^5\theta \, d\theta$ $\qquad$ (2) $\displaystyle\int_0^{\pi/2} \sin^7\theta \cos^5\theta \, d\theta$

(3) $\displaystyle\int_0^{\pi/2} \cos^4\theta \, d\theta$ $\qquad$ (4) $\displaystyle\int_0^{\pi} \sin^2\theta \cos^6\theta \, d\theta$

(5) $\displaystyle\int_0^1 x^4 \sqrt{1-x^2} \, dx$ $\qquad$ (6) $\displaystyle\int_0^1 \frac{x^5}{\sqrt{1-x^4}} \, dx$

(7) $\displaystyle\int_0^\infty \frac{x^3}{(1+x)^7} \, dx$

3. 次の等式を示せ．

$$\left(\int_0^{\pi/2} \sqrt{\cos\theta} \, d\theta\right)\left(\int_0^{\pi/2} \frac{d\theta}{\sqrt{\sin\theta}}\right) = \pi$$

第 6 章 級数

6.1 級数

数列 $\{a_n\}$ が与えられたとき,形式的な無限和

$$a_1 + a_2 + \cdots \quad \text{あるいは} \quad \sum_{n=1}^{\infty} a_n$$

(またはより簡単に $\sum a_n$ とも表す) を**級数**という.この級数において,初項から第 n 項までの和

$$S_n = a_1 + \cdots + a_n = \sum_{k=1}^{n} a_k$$

を**第 n 部分和**という.数列 $\{S_n\}$ が収束するとき,級数 $\sum_{n=1}^{\infty} a_n$ は**収束**するといい,その極限値 S をこの級数の**和**という.即ち,

$$S = \sum_{n=1}^{\infty} a_n = \lim_{n \to \infty} \sum_{k=1}^{n} a_k.$$

数列 $\{S_n\}$ が発散するとき,級数 $\sum_{n=1}^{\infty} a_n$ は**発散**するという.以上の定義から次の定理が得られる.

定理 6.1.1 (i) $\sum_{n=1}^{\infty} a_n$ が収束するならば $\lim_{n \to \infty} a_n = 0$.
(ii) a_n が 0 に収束しないならば $\sum_{n=1}^{\infty} a_n$ は発散する.

【証明】(ii) は (i) の対偶であるから (i) を示せばよい．$\sum_{n=1}^{\infty} a_n$ が収束するとしよう．その和を S，第 n 部分和を S_n とおくと，上の定義より

$$a_n = S_n - S_{n-1} \to S - S = 0 \quad (n \to \infty)$$

が成り立つ．よって (i) が示された．

例 6.1.2 $a_n = \log\left(1 + \dfrac{1}{n}\right)$ とすると $\sum_{n=1}^{\infty} a_n$ は発散する．実際，

$$\sum_{k=1}^{n} a_k = \sum_{k=1}^{n} (\log(k+1) - \log k) = \log(n+1)$$

より明らかである．また $\lim_{n \to \infty} a_n = 0$ であるから，この例は定理 6.1.1 (i) の逆は必ずしも成り立たないことも示している．

次の定理 6.1.3 は，各々の部分和を考え，極限をとることで容易に示せる．

定理 6.1.3 $\sum_{n=1}^{\infty} a_n$ と $\sum_{n=1}^{\infty} b_n$ が収束するとき，任意の実数 α, β に対し

$$\sum_{n=1}^{\infty} (\alpha a_n + \beta b_n) = \alpha \sum_{n=1}^{\infty} a_n + \beta \sum_{n=1}^{\infty} b_n.$$

級数 $\sum_{n=1}^{\infty} a_n$ は $a_n \geq 0$ のとき**正項級数**という．正項級数の第 n 部分和 S_n からなる数列は単調増加であるから，実数の連続性 (3 ページ参照) により上に有界であれば収束する．即ち，次の定理が成り立つ．

定理 6.1.4 $\sum_{n=1}^{\infty} a_n$ を正項級数とする．このとき，任意の $n \geq 1$ について $\sum_{k=1}^{n} a_k \leq C$ となる定数 C が存在すれば，$\sum_{n=1}^{\infty} a_n$ は収束する．

正項級数の収束・発散を判定する方法として，収束・発散が分かっている他の級数と比較する方法もある．

定理 6.1.5 $0 \leq a_n \leq b_n$ とする．このとき以下が成り立つ．

(i) $\sum_{n=1}^{\infty} b_n$ が収束するならば $\sum_{n=1}^{\infty} a_n$ も収束する．

(ii) $\sum_{n=1}^{\infty} a_n$ が発散するならば $\sum_{n=1}^{\infty} b_n$ も発散する．

【証明】(i) $B = \sum_{n=1}^{\infty} b_n$ とおくと，任意の $n \geq 1$ に対し $\sum_{k=1}^{n} a_k \leq \sum_{k=1}^{n} b_k \leq B$. よって定理 6.1.4 により $\sum_{n=1}^{\infty} a_n$ は収束する．(ii)は(i)の対偶である． ∎

$\sum_{n=1}^{\infty} |a_n|$ が収束するとき $\sum_{n=1}^{\infty} a_n$ は**絶対収束**するという．絶対収束する級数は扱いやすい性質を多く持つが，特に次の定理が成り立つ．

定理 6.1.6 絶対収束する級数は収束する．

【証明】$\sum a_n$ が絶対収束するとしよう．まず数列 b_n と c_n を以下で定める．
$$b_n = \frac{|a_n| + a_n}{2}, \qquad c_n = \frac{|a_n| - a_n}{2}.$$
$0 \leq b_n, c_n \leq |a_n|$ だから定理 6.1.5(i)と仮定により $\sum b_n$ と $\sum c_n$ は収束する．また $a_n = b_n - c_n$ だから定理 6.1.3 により $\sum a_n$ も収束する． ∎

以下の 2 定理は $\sum a_n$ の収束・発散を判定する基本的なものである．

定理 6.1.7 コーシーの収束判定法 $\lim_{n \to \infty} \sqrt[n]{|a_n|} = r$ とする．このとき $\sum_{n=1}^{\infty} a_n$ は $0 \leq r < 1$ ならば絶対収束し，$r > 1$ ならば発散する．

定理 6.1.8 ダランベールの収束判定法 $\lim_{n \to \infty} \left|\frac{a_{n+1}}{a_n}\right| = r$ とする．このとき $\sum_{n=1}^{\infty} a_n$ は $0 \leq r < 1$ ならば絶対収束し，$r > 1$ ならば発散する．

【証明】2 定理とも同様に示せるので，ここでは定理 6.1.7 の証明の概略のみを与えよう．

$0 \leq r < 1$ のとき．$r < \rho < 1$ をみたす ρ を一つ固定する．すると $\lim_{n \to \infty} \sqrt[n]{|a_n|} < \rho$ だから，十分大きな n に対して $\sqrt[n]{|a_n|} < \rho$，即ち $|a_n| < \rho^n$ が成り立つ．ここで $\sum \rho^n$ は収束するから，定理 6.1.5(i)により $\sum a_n$ は絶対収束する．

$r > 1$ のとき．$\lim_{n \to \infty} \sqrt[n]{|a_n|} > 1$ だから，十分大きな n に対して $\sqrt[n]{|a_n|} > 1$，即ち $|a_n| > 1$ が成り立つ．よって a_n は 0 に収束しない．従って定理 6.1.1(ii)により $\sum a_n$ は発散する． ∎

なお，上の 2 定理で $r = 1$ の場合は判定できないことを注意しておく．

例 6.1.9 $a_n = \left(1 - \dfrac{1}{n}\right)^{n^2}$ のとき $\sum_{n=1}^{\infty} a_n$ は収束する. 実際,
$$\lim_{n\to\infty} \sqrt[n]{a_n} = \lim_{n\to\infty} \left(1 - \dfrac{1}{n}\right)^n = e^{-1} < 1$$
だから, 定理 6.1.7 により $\sum a_n$ が収束する.

例 6.1.10 $a_n = \dfrac{(-2)^n}{\sqrt{n!}}$ のとき $\sum_{n=1}^{\infty} a_n$ は収束する. 実際,
$$\lim_{n\to\infty} \left|\dfrac{a_{n+1}}{a_n}\right| = \lim_{n\to\infty} \dfrac{2}{\sqrt{n+1}} = 0 < 1$$
だから, 定理 6.1.8 により $\sum a_n$ が収束することが分かる.

級数 $\sum_{n=1}^{\infty} \dfrac{1}{n^s}$ $(s > 0)$ に対して定理 6.1.7 や定理 6.1.8 を適用すると, $r = 1$ となり判定できない. ここでは積分を用いて次の定理を示そう.

定理 6.1.11 $\sum_{n=1}^{\infty} \dfrac{1}{n^s}$ は $s > 1$ ならば収束し, $s \leq 1$ ならば発散する.

【証明】$s \leq 0$ のとき, $n^{-s} \geq 1$ だから $\sum n^{-s}$ は発散する. 従って, $s > 0$ のときを示せばよい. $y = x^{-s}$ は $x > 0$ で減少関数だから
$$\dfrac{1}{k^s} > \int_k^{k+1} \dfrac{dx}{x^s} > \dfrac{1}{(k+1)^s} \qquad (k \geq 1) \tag{6.1}$$
が成り立つ (図 6.1 参照).

$s > 1$ のとき. (6.1) の右側の不等式で $k = 1, \cdots, n-1$ について和をとると

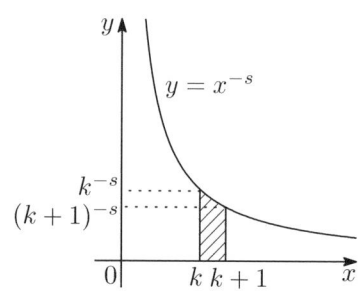

図 **6.1**: $y = x^{-s}$ のグラフ.

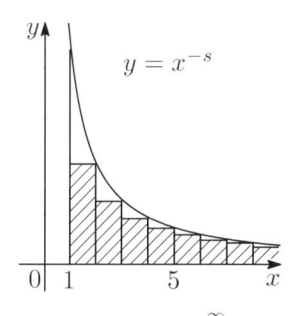

図 6.2: 斜線部分が $\sum_{n=2}^{\infty} n^{-s}$. 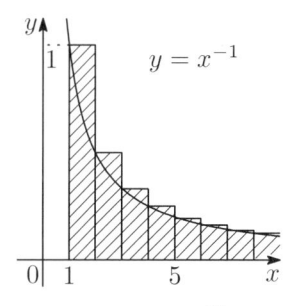   図 6.3: 斜線部分が $\sum_{n=1}^{\infty} n^{-1}$.

$$\sum_{k=2}^{n} \frac{1}{k^s} < \int_1^n \frac{dx}{x^s} = \frac{1-n^{-(s-1)}}{s-1} < \frac{1}{s-1}$$

が成り立つ (図 6.2 参照). 従って定理 6.1.4 により $\sum_{n=1}^{\infty} n^{-s}$ は収束する.

$s=1$ のとき. (6.1) の左側の不等式で $k=1,\ldots,n$ について和をとると

$$\sum_{k=1}^{n} \frac{1}{k} > \int_1^{n+1} \frac{dx}{x} = \log(n+1)$$

が成り立つ (図 6.3 参照). これより $\sum_{n=1}^{\infty} n^{-1}$ は発散する.

$0 < s < 1$ のとき. $n^{-s} \geq n^{-1}$ が成り立ち, また $\sum_{n=1}^{\infty} n^{-1}$ は発散するから, 定理 6.1.5 (ii) により $\sum_{n=1}^{\infty} n^{-s}$ も発散する.

次の定理により, 収束するが絶対収束はしない級数があることが分かる.

定理 6.1.12　ライプニッツの定理　数列 $\{a_n\}$ は $a_n > 0$, $a_n \geq a_{n+1}$ かつ $\lim_{n\to\infty} a_n = 0$ をみたすとする. このとき $\sum_{n=1}^{\infty} (-1)^{n-1} a_n$ は収束する.

【証明】 定理の級数の第 n 部分和を S_n とおく. 仮定より

$$S_{2m+1} - S_{2m-1} = a_{2m+1} - a_{2m} \leq 0.$$

また以下の右辺の各項は仮定より 0 以上であるから

$$S_{2m+1} = (a_1 - a_2) + (a_3 - a_4) + \cdots + (a_{2m-1} - a_{2m}) + a_{2m+1} > 0.$$

以上から，
$$0 \leq \cdots \leq S_{2m+1} \leq \cdots \leq S_5 \leq S_3 \leq S_1,$$

即ち，数列 $\{S_{2m-1}\}$ は下に有界な単調減少数列である．よって実数の連続性 (3 ページ参照) より収束する．そこで $S = \lim_{m \to \infty} S_{2m-1}$ とおく．すると仮定より

$$S_{2m} = S_{2m-1} - a_{2m} \to S \quad (m \to \infty).$$

以上より $\lim_{m \to \infty} S_{2m} = \lim_{m \to \infty} S_{2m-1} = S$ が示された．従って $\lim_{n \to \infty} S_n = S$ である．

例 6.1.13 定理 6.1.12 により $\sum_{n=1}^{\infty} \dfrac{(-1)^{n-1}}{n}$ は収束する．一方，定理 6.1.11 によれば，これは絶対収束はしない．

例 6.1.14 定理 6.1.12 により $\sum_{n=1}^{\infty} \dfrac{(-1)^{n-1}}{2n-1}$ は収束する．また $\dfrac{1}{2n-1} \geq \dfrac{1}{2n}$ だから，定理 6.1.11 と定理 6.1.5 (ii) によりこれは絶対収束はしない．

なお上の二つの級数の和がそれぞれ $\log 2$ と $\pi/4$ であることは次節の定理 6.2.14 から分かる (例 6.2.15 参照)．

6.2 べき級数

数列 $a_0, a_1, a_2, \ldots$ と実数 x に対し，級数

$$\sum_{n=0}^{\infty} a_n x^n = a_0 + a_1 x + a_2 x^2 + \cdots$$

を**整級数**または**べき級数**という．

このべき級数が収束するような x の範囲を調べよう．まず，$\ell = \lim_{n \to \infty} \sqrt[n]{|a_n|}$

が存在するとしよう．すると任意の x に対して

$$\sqrt[n]{|a_n x^n|} = |x| \sqrt[n]{|a_n|} \to |x|\ell \quad (n \to \infty)$$

が成り立つ．よって定理 6.1.7 により，$\sum a_n x^n$ は $|x|\ell < 1$ ならば絶対収束し，$|x|\ell > 1$ ならば発散する．特に $\ell = 0$ の場合は任意の x で絶対収束し，$\ell = \infty$ の場合は 0 以外の x で発散する．従って $r = 1/\ell$ とおくと $1/0 = \infty$，$1/\infty = 0$ と解釈することにより，次が成り立つことが分かる．

$$\begin{cases} |x| < r \text{ ならば } \sum_{n=0}^{\infty} a_n x^n \text{ は絶対収束する．} \\ |x| > r \text{ ならば } \sum_{n=0}^{\infty} a_n x^n \text{ は発散する．} \end{cases} \quad (6.2)$$

以上の議論は $\ell = \lim_{n \to \infty} \left| \dfrac{a_{n+1}}{a_n} \right|$ としても定理 6.1.8 により正しいことが分かる．一般に，$\lim_{n \to \infty} \sqrt[n]{|a_n|}$ または $\lim_{n \to \infty} \left| \dfrac{a_{n+1}}{a_n} \right|$ が存在しない場合でも，$\sum_{n=0}^{\infty} a_n x^n$ に対し (6.2) をみたす r が唯一つ存在する．その r を $\sum_{n=0}^{\infty} a_n x^n$ の**収束半径**という．以上のことを定理としてまとめておこう．

定理 6.2.1 $\sum_{n=0}^{\infty} a_n x^n$ の収束半径を r とする．
(ⅰ) $\ell = \lim_{n \to \infty} \sqrt[n]{|a_n|}$ が存在するならば $r = \dfrac{1}{\ell}$ である．
(ⅱ) $\ell = \lim_{n \to \infty} \left| \dfrac{a_{n+1}}{a_n} \right|$ が存在するならば $r = \dfrac{1}{\ell}$ である．

ただし $\dfrac{1}{0} = \infty$，$\dfrac{1}{\infty} = 0$ と解釈する．

例 6.2.2 $\sum_{n=0}^{\infty} (-2)^{n^2} x^n$ の収束半径は 0 である．つまり $x = 0$ でのみ収束する．実際 $a_n = (-2)^{n^2}$ とおくと

$$\lim_{n \to \infty} \sqrt[n]{|a_n|} = \lim_{n \to \infty} 2^n = \infty.$$

例 6.2.3 $\sum_{n=1}^{\infty} \dfrac{n}{2^n} x^n$ の収束半径は 2 である．なぜなら $a_n = \dfrac{n}{2^n}$ とおくと

$$\lim_{n\to\infty}\left|\frac{a_{n+1}}{a_n}\right| = \lim_{n\to\infty}\frac{1}{2}\left(1+\frac{1}{n}\right) = \frac{1}{2}.$$

例 6.2.4 上の例 6.2.3 を少し変えた $\sum_{n=1}^{\infty}\frac{n}{2^n}x^{2n}$ の収束半径 r を求める．この級数を $\sum_{n=1}^{\infty}a_n x^n$ の形に表すと $a_{2n}=\frac{n}{2^n}$, $a_{2n+1}=0$ となる．この場合 $\lim_{n\to\infty}\sqrt[n]{|a_n|}$ や $\lim_{n\to\infty}\left|\frac{a_{n+1}}{a_n}\right|$ は存在しないので定理 6.2.1 は適用できない．そこで与式で $t=x^2$ とおいてできるべき級数 $\sum_{n=1}^{\infty}\frac{n}{2^n}t^n$ を考える．前の例 6.2.3 により，この級数の収束半径は 2 であるから

$$\sum_{n=1}^{\infty}\frac{n}{2^n}t^n \text{ は } |t|<2 \text{ ならば絶対収束し，} |t|>2 \text{ ならば発散する．}$$

ここで $t=x^2$ だから，$|t|<2$ と $|x|<\sqrt{2}$ が同値であることに注意すると

$$\sum_{n=1}^{\infty}\frac{n}{2^n}x^{2n} \text{ は } |x|<\sqrt{2} \text{ ならば絶対収束し，} |x|>\sqrt{2} \text{ ならば発散する}$$

ことが分かる．従って収束半径の定義により $r=\sqrt{2}$ である．

収束半径が 0 のべき級数は $x=0$ 以外では発散するので，あまり有用ではない．そこで今後，収束半径は 0 でないとする．収束半径が r のべき級数は区間 $(-r,r)$ の各点で有限な値をとるが，以下のようなより良い性質を持っている．

定理 6.2.5 項別積分と項別微分 $f(x)=\sum_{n=0}^{\infty}a_n x^n$ の収束半径を r とすると，$f(x)$ は区間 $(-r,r)$ 上連続である．さらに次が成り立つ．

(i) $|x|<r$ ならば $\int_0^x f(t)\,dt = \sum_{n=0}^{\infty}\frac{a_n}{n+1}x^{n+1}$.

(ii) $|x|<r$ ならば $f'(x) = \sum_{n=1}^{\infty}n a_n x^{n-1}$.

この定理 6.2.5 は，収束半径内では無限和と微分・積分の交換が許されることをいっている．即ち，$|x|<r$ ならば

$$\int_0^x \left(\sum_{n=0}^\infty a_n t^n\right) dt = \sum_{n=0}^\infty \int_0^x a_n t^n \, dt, \quad \frac{d}{dx}\left(\sum_{n=0}^\infty a_n x^n\right) = \sum_{n=1}^\infty \frac{d}{dx}(a_n x^n).$$

後者の右辺の和が $n=1$ から始まっているのは $\frac{d}{dx} a_0 = 0$ による．

注意 6.2.6 べき級数とそれを項別に微分・積分して得られるべき級数の収束半径は一致する．ここでは $\ell = \lim\limits_{n\to\infty} \left|\frac{a_{n+1}}{a_n}\right|$ としてこのことを示そう．項別積分して得られる(i)右辺の級数について

$$\lim_{n\to\infty}\left|\frac{a_{n+1}}{n+2} \cdot \frac{n+1}{a_n}\right| = \lim_{n\to\infty} \frac{n+1}{n+2}\left|\frac{a_{n+1}}{a_n}\right| = \ell.$$

項別微分して得られる(ii)右辺の級数については

$$\lim_{n\to\infty}\left|\frac{(n+1)a_{n+1}}{na_n}\right| = \lim_{n\to\infty} \frac{n+1}{n}\left|\frac{a_{n+1}}{a_n}\right| = \ell.$$

これより，どちらの級数の収束半径も $1/\ell$ となり，元の級数の収束半径と一致する．

【定理 6.2.5 の略証】 (i) $f_n(x) = \sum\limits_{k=0}^n a_k x^k$ とおく．$0 < x < r$ なる x を固定し $0 \leq t \leq x$ とすると

$$|f(t) - f_n(t)| = \left|\sum_{k=n+1}^\infty a_k t^k\right| \leq \sum_{k=n+1}^\infty |a_k| t^k \leq \sum_{k=n+1}^\infty |a_k| x^k.$$

よって

$$\left|\int_0^x f(t)\, dt - \int_0^x f_n(t)\, dt\right| \leq \int_0^x |f(t) - f_n(t)|\, dt \leq \left(\sum_{k=n+1}^\infty |a_k| x^k\right) x$$

が成り立つ．ここで一番右の項は $n \to \infty$ のとき 0 に収束するので

$$\int_0^x f(t)\, dt = \lim_{n\to\infty} \int_0^x f_n(t)\, dt = \lim_{n\to\infty} \sum_{k=0}^n \frac{a_k}{k+1} x^{k+1} = \sum_{k=0}^\infty \frac{a_k}{k+1} x^{k+1}$$

が成り立つ．$-r < x < 0$ のときも同様である．

(ii) $g(x) = \sum_{n=1}^{\infty} na_n x^{n-1}$ とおく．$g(x)$ の収束半径も r であるから，先ほど示した(i)により $|x| < r$ で項別積分できる．よって

$$\int_0^x g(t)\,dt = \sum_{n=1}^{\infty} \int_0^x na_n t^{n-1}\,dt = \sum_{n=1}^{\infty} a_n x^n = f(x) - a_0.$$

一番左の項 $\int_0^x g(t)\,dt$ は微分可能だから，最後の項 $f(x) - a_0$ も微分可能で，

$$f'(x) = \frac{d}{dx}\int_0^x g(t)\,dt = g(x)$$

が成り立つ． ∎

例 6.2.7 定理 6.2.5 を用いて $\log(1+x)$ と $\operatorname{Arctan} x$ のべき級数展開

$$\log(1+x) = \sum_{n=1}^{\infty}(-1)^{n-1}\frac{x^n}{n} \qquad (|x| < 1),$$

$$\operatorname{Arctan} x = \sum_{n=0}^{\infty}(-1)^n \frac{x^{2n+1}}{2n+1} \qquad (|x| < 1)$$

を求める．まず $(\log(1+x))' = (1+x)^{-1}$ だから，$(1+x)^{-1}$ をべき級数展開した後に項別積分すればよい．初項 1，公比 $-x$ の等比数列の総和に関する公式から

$$\frac{1}{1+x} = \sum_{n=0}^{\infty}(-1)^n x^n \qquad (|x| < 1). \tag{6.3}$$

これを 0 から x まで積分する．右辺を項別積分して

$$\log(1+x) = \sum_{n=0}^{\infty}(-1)^n \frac{x^{n+1}}{n+1} = \sum_{n=1}^{\infty}(-1)^{n-1}\frac{x^n}{n} \qquad (|x| < 1).$$

次に $(\operatorname{Arctan} x)' = (1+x^2)^{-1}$ だから，やはり $(1+x^2)^{-1}$ をべき級数展開した後に項別積分すればよい．式 (6.3) の x を x^2 に置き換えれば

$$\frac{1}{1+x^2} = \sum_{n=0}^{\infty} (-1)^n x^{2n} \qquad (|x| < 1).$$

これを 0 から x まで積分する．右辺を項別積分すると

$$\mathrm{Arctan}\, x = \sum_{n=0}^{\infty} (-1)^n \frac{x^{2n+1}}{2n+1} \qquad (|x| < 1).$$

自然数でない α に対し，$(1+x)^\alpha = \sum_{n=0}^{\infty} \binom{\alpha}{n} x^n$ であることは第 2.4 節で証明なしにふれた．ここで，項別微分を利用してこの事実を示してみよう．

例 6.2.8　一般二項展開　$\alpha \neq 0, 1, 2, \ldots$ のとき，以下が成り立つ．

$$(1+x)^\alpha = \sum_{n=0}^{\infty} \binom{\alpha}{n} x^n \qquad (|x| < 1).$$

【証明】上式右辺の級数を $f(x)$ とおき，$a_n = \binom{\alpha}{n}$ とする．$f(x)$ の収束半径を求めよう．

$$\frac{a_{n+1}}{a_n} = \frac{\alpha - n}{n+1} \qquad (n \geq 0) \tag{6.4}$$

より $\lim_{n \to \infty} \left| \frac{a_{n+1}}{a_n} \right| = 1$．従って $f(x)$ の収束半径は 1 である．ここで，$f(x) = (1+x)^\alpha$ ならば $f'(x) = \alpha(1+x)^{\alpha-1}$ であるので，$(1+x)f'(x) = \alpha f(x)$ となるはずである．これを示そう．定理 6.2.5 (ii) により $|x| < 1$ ならば項別微分可能で，

$$f'(x) = \sum_{n=1}^{\infty} n a_n x^{n-1} = \sum_{n=0}^{\infty} (n+1) a_{n+1} x^n = \sum_{n=0}^{\infty} (\alpha - n) a_n x^n.$$

ただし，最後の等式で (6.4) を用いた．一番右の項を変形すると

$$\alpha \sum_{n=0}^{\infty} a_n x^n - x \sum_{n=1}^{\infty} n a_n x^{n-1} = \alpha f(x) - x f'(x).$$

故に $(1+x)f'(x) = \alpha f(x)$ が成立する．これより
$$\frac{d}{dx}\frac{f(x)}{(1+x)^\alpha} = \frac{f'(x)(1+x) - \alpha f(x)}{(1+x)^{\alpha+1}} = 0.$$
従って，ある定数 C を用いて $f(x) = C(1+x)^\alpha$ と書ける．ここで $x=0$ とすると $f(0)=1$ だから $C=1$．よって $f(x) = (1+x)^\alpha$ となる．

例 6.2.9 一般二項展開を利用して $\mathrm{Arcsin}\, x$ のべき級数展開
$$\mathrm{Arcsin}\, x = \sum_{n=0}^{\infty} \frac{(2n-1)!!}{(2n)!!} \cdot \frac{x^{2n+1}}{2n+1} \qquad (|x| < 1)$$
を求める．ここで
$$(2n-1)!! = 1 \cdot 3 \cdot 5 \cdots (2n-1), \quad (2n)!! = 2 \cdot 4 \cdot 6 \cdots (2n)$$
で特に $(-1)!! = 0!! = 1$ とする．

$(\mathrm{Arcsin}\, x)' = (1-x^2)^{-1/2}$ だから，$(1-x^2)^{-1/2}$ をべき級数展開した後に項別積分すればよい．$(1-x^2)^{-1/2}$ の展開は，一般二項展開において $a = -1/2$ とし，x を $-x^2$ におきかえればよい．$n \geq 1$ のとき

$$\binom{-1/2}{n} = \frac{1}{n!}\overbrace{\left(-\frac{1}{2}\right)\left(-\frac{3}{2}\right)\cdots\left(-\frac{2n-1}{2}\right)}^{n\text{ 個}}$$
$$= (-1)^n \frac{(2n-1)!!}{2^n \cdot n!} = (-1)^n \frac{(2n-1)!!}{(2n)!!}.$$

またこの式の結論は $n=0$ のときも正しい．従って一般二項展開により
$$\frac{1}{\sqrt{1-x^2}} = \sum_{n=0}^{\infty} \binom{-1/2}{n}(-x^2)^n = \sum_{n=0}^{\infty} \frac{(2n-1)!!}{(2n)!!} x^{2n} \qquad (|x| < 1).$$

あとは両辺を 0 から x まで積分し，右辺に項別積分 (定理 6.2.5) を利用すればよい．

べき級数で表される関数の原点における高階微分係数は，次の定理により容易に計算できる．

定理 6.2.10 $f(x) = \sum_{n=0}^{\infty} a_n x^n$ の収束半径を r とする．このとき，$f(x)$ は区間 $(-r, r)$ で無限回微分可能で，すべての $n \geq 0$ について $f^{(n)}(0) = a_n n!$ である．

【証明】 定理 6.2.5 (ii) と注意 6.2.6 により $f'(x)$ も収束半径 r のべき級数である．$f'(x)$ に定理 6.2.5 (ii) を適用すれば $f''(x)$ も収束半径 r のべき級数となる．この操作は何回でも繰り返し行えるから $f(x)$ は区間 $(-r, r)$ で無限回微分可能である．特に k 回項別微分すれば

$$f^{(k)}(x) = \sum_{n=k}^{\infty} a_n n(n-1) \cdots (n-k+1) x^{n-k}$$
$$= a_k k! + a_{k+1}(k+1)! x + \cdots$$

となるが，ここで $x = 0$ を代入すると $f^{(k)}(0) = a_k k!$ が得られる． ∎

与えられた関数 $f(x)$ が $f(x) = \sum_{n=0}^{\infty} a_n x^n$ ($|x| < r$) とべき級数で表されるとする．定理 6.2.10 によれば $f^{(n)}(0) = a_n n!$ であるから

$$f(x) = \sum_{n=0}^{\infty} a_n x^n = \sum_{n=0}^{\infty} \frac{f^{(n)}(0)}{n!} x^n \quad (|x| < r).$$

これは $f(x)$ のマクローリン展開である．即ち，ある関数が何らかの方法で (特にマクローリンの定理における剰余項を評価することなく) べき級数に展開されるならば，それはその関数のマクローリン展開に他ならない．これは大変実用的な事実であり，この性質を利用して多くの関数のマクローリン展開が得られる．具体的な例でこの事実と定理 6.2.10 の使用法を見てみよう．

例 6.2.11 e^x のべき級数展開 (マクローリン展開) は次で与えられる (47 ページ参照)．

$$e^x = \sum_{n=0}^{\infty} \frac{x^n}{n!} \quad (x \in \mathbb{R}). \tag{6.5}$$

この式から，例えば xe^x のマクローリン展開を得るには (6.5) に x をかけて

$$xe^x = \sum_{n=0}^{\infty} \frac{x^{n+1}}{n!} = \sum_{n=1}^{\infty} \frac{x^n}{(n-1)!} \qquad (x \in \mathbb{R}).$$

e^{2x} のマクローリン展開は (6.5) において x のところに $2x$ を代入して

$$e^{2x} = \sum_{n=0}^{\infty} \frac{(2x)^n}{n!} = \sum_{n=0}^{\infty} \frac{2^n}{n!} x^n \qquad (x \in \mathbb{R}).$$

同様にして e^{-x^2} のマクローリン展開は (6.5) で x のところに $-x^2$ を代入して

$$e^{-x^2} = \sum_{n=0}^{\infty} \frac{(-x^2)^n}{n!} = \sum_{n=0}^{\infty} \frac{(-1)^n}{n!} x^{2n} \qquad (x \in \mathbb{R}).$$

実は例 6.2.7 や例 6.2.9 において既に代入は行われていたのである．次に $f(x) = e^{-x^2}$ に対して $f^{(n)}(0)$ を求めてみる．上式の一番右の項を $\sum_{n=0}^{\infty} a_n x^n$ と表すと $a_{2n} = \frac{(-1)^n}{n!}$, $a_{2n+1} = 0$ である．従って定理 6.2.10 により

$$f^{(2n)}(0) = (-1)^n \frac{(2n)!}{n!}, \qquad f^{(2n+1)}(0) = 0$$

となる．

べき級数とべき級数の積は，やはりべき級数になる．より正確には，次の定理が成り立つ．

定理 6.2.12 $f(x) = \sum_{n=0}^{\infty} a_n x^n$, $g(x) = \sum_{n=0}^{\infty} b_n x^n$ とする．それぞれの収束半径の小さい方を r とすると，$|x| < r$ において

$$f(x)g(x) = \sum_{n=0}^{\infty} c_n x^n. \quad \text{ただし} \quad c_n = \sum_{k=0}^{n} a_k b_{n-k}.$$

定理 6.2.12 中の c_n がこのように表せることはライプニッツの公式 (定理 2.3.6) と定理 6.2.10 から分かるが，より素朴に考えてみよう．

$$f(x)g(x) = (a_0 + a_1 x + a_2 x^2 + \cdots)(b_0 + b_1 x + b_2 x^2 + \cdots)$$

の右辺を展開すると, 定数項は $a_0 b_0 = c_0$, x の項の係数は $a_0 b_1 + a_1 b_0 = c_1$, x^2 の項の係数は $a_0 b_2 + a_1 b_1 + a_2 b_0 = c_2$ となる. このようにして c_n を求めていけばよい. ただし, 定理中の c_n の式は実際の計算には向かないことも多い.

例 6.2.13 $e^x \log(1+x)$ のべき級数展開の x^3 までの項を求める. e^x と $\log(1+x)$ をべき級数展開して, 各々 x^4 以上の項を無視すると
$$e^x \log(1+x) = \left(1 + x + \frac{x^2}{2} + \frac{x^3}{6} + \cdots\right)\left(x - \frac{x^2}{2} + \frac{x^3}{3} - \cdots\right).$$
右辺の二つの 3 次式をかけて x^3 までの項をとると, 上式右辺は
$$1 \cdot \left(x - \frac{x^2}{2} + \frac{x^3}{3}\right) + x \cdot \left(x - \frac{x^2}{2}\right) + \frac{x^2}{2} \cdot x + \cdots = x + \frac{x^2}{2} + \frac{x^3}{3} + \cdots.$$
従って
$$e^x \log(1+x) = x + \frac{x^2}{2} + \frac{x^3}{3} + \cdots$$
となる.

べき級数 $\sum a_n x^n$ の収束半径 r が有限で, 収束半径上の点 $x = r$ で級数が収束しているとする. このとき
$$\lim_{x \to r-0} \sum_{n=0}^{\infty} a_n x^n = \sum_{n=0}^{\infty} a_n r^n$$
が成り立つと予想される. これが正しいことは次の定理から分かる. ただし証明は少々難しいので省略する.

定理 6.2.14 **アーベルの定理** $f(x) = \sum\limits_{n=0}^{\infty} a_n x^n$ の収束半径を r とし, $0 < r < \infty$ であるとする. このとき $x = r$ $(x = -r)$ において級数が収束しているならば
$$\lim_{x \to r-0} f(x) = \sum_{n=0}^{\infty} a_n r^n \quad \left(\lim_{x \to -r+0} f(x) = \sum_{n=0}^{\infty} a_n (-r)^n\right)$$

が成立する．

例 6.2.15 例 6.2.7 で得られた $\log(1+x)$ と $\operatorname{Arctan} x$ のべき級数展開

$$\log(1+x) = \sum_{n=1}^{\infty} \frac{(-1)^{n-1}}{n} x^n \qquad (-1 < x < 1), \tag{6.6}$$

$$\operatorname{Arctan} x = \sum_{n=0}^{\infty} \frac{(-1)^n}{2n+1} x^{2n+1} \qquad (-1 < x < 1) \tag{6.7}$$

について考えよう．前節の例 6.1.13 により，式 (6.6) の右辺は $x = -1$ では発散するが，$x = 1$ のときは定理 6.1.12 により収束する．よって定理 6.2.14 から

$$\sum_{n=1}^{\infty} \frac{(-1)^{n-1}}{n} = \lim_{x \to 1-0} \log(1+x) = \log 2.$$

これより $\log(1+x)$ のべき級数展開 (6.6) は $-1 < x \leq 1$ で成り立つ．同様にして (6.7) の右辺は $x = \pm 1$ のとき定理 6.1.12 により収束する．$x = 1$ に対して定理 6.2.14 を適用すると

$$\sum_{n=0}^{\infty} \frac{(-1)^n}{2n+1} = \lim_{x \to 1-0} \operatorname{Arctan} x = \operatorname{Arctan} 1 = \frac{\pi}{4}.$$

$x = -1$ についても同様である．これより $\operatorname{Arctan} x$ のべき級数展開 (6.7) は $-1 \leq x \leq 1$ で成り立つ．

最後に一般のべき級数展開にふれておく．関数 $f(x)$ が $x = c$ の近くで

$$f(x) = \sum_{n=0}^{\infty} a_n (x-c)^n \qquad (|x-c| < r) \tag{6.8}$$

と表されるとき，$f(x)$ は $x = c$ でべき級数展開可能であるという．ここで $t = x - c$ とおくと $f(t+c) = \sum_{n=0}^{\infty} a_n t^n$ となるから $f(t+c)$ のべき級数展開に帰着される．また，定理 6.2.10 により $f^{(n)}(c) = a_n n!$ が成り立つから，(6.8) は

$$f(x) = \sum_{n=0}^{\infty} a_n (x-c)^n = \sum_{n=0}^{\infty} \frac{f^{(n)}(c)}{n!} (x-c)^n \qquad (|x-c| < r)$$

と書ける．これは $x = c$ を中心とする $f(x)$ のテイラー展開に他ならない．簡単な例を一つだけ挙げよう．

例 6.2.16 $f(x) = \dfrac{1}{3 - 2x}$ の $x = 1$ を中心とするテイラー展開を求める．$t = x - 1$ とおくと

$$f(t+1) = \frac{1}{1 - 2t} = \sum_{n=0}^{\infty} 2^n t^n \qquad \left(|t| < \frac{1}{2}\right).$$

$t = x - 1$ により変数を t から x に戻すと

$$\frac{1}{3 - 2x} = \sum_{n=0}^{\infty} 2^n (x-1)^n \qquad \left(|x-1| < \frac{1}{2}\right).$$

6.A 付録 複素数の指数関数

e^x をべき級数展開すると

$$e^x = \sum_{n=0}^{\infty} \frac{x^n}{n!} \qquad (x \in \mathbb{R}).$$

ここで，右辺の x を複素数 z にかえたものを e^z と定義しよう．即ち，

$$e^z = \sum_{n=0}^{\infty} \frac{z^n}{n!} \qquad (z \in \mathbb{C}).$$

この e^z の値を求めよう．まず $z = i\theta$ ($\theta \in \mathbb{R}$) とする．以下で n が偶数の場合の和と奇数の場合の和に分けて計算すると

$$e^{i\theta} = \sum_{n=0}^{\infty} \frac{(i\theta)^n}{n!} = \sum_{m=0}^{\infty} \frac{(i\theta)^{2m}}{(2m)!} + \sum_{m=0}^{\infty} \frac{(i\theta)^{2m+1}}{(2m+1)!}$$

$$= \sum_{m=0}^{\infty} \frac{(-1)^m}{(2m)!} \theta^{2m} + i \sum_{m=0}^{\infty} \frac{(-1)^m}{(2m+1)!} \theta^{2m+1}$$

が成り立つ．ここで最後の式の実部・虚部はそれぞれ $\cos\theta$, $\sin\theta$ のべき級数展開だから，いわゆる**オイラーの公式**

$$e^{i\theta} = \cos\theta + i\sin\theta \quad (\theta \in \mathbb{R}) \tag{6.9}$$

が成り立つことが分かる．次に $z, w \in \mathbb{C}$ に対し $e^{z+w} = e^z e^w$ を示そう．$t \in \mathbb{R}$ とすると定義から

$$e^{tz} = \sum_{n=0}^{\infty} \frac{z^n}{n!} t^n, \qquad e^{tw} = \sum_{n=0}^{\infty} \frac{w^n}{n!} t^n.$$

$e^{tz} e^{tw}$ を t のべき級数で表したときの t^n の係数は，定理 6.2.12 より

$$\sum_{k=0}^{n} \frac{z^k}{k!} \frac{w^{n-k}}{(n-k)!} = \frac{1}{n!} \sum_{k=0}^{n} {}_n\mathrm{C}_k z^k w^{n-k} = \frac{(z+w)^n}{n!}$$

だから，

$$e^{tz} e^{tw} = \sum_{n=0}^{\infty} \frac{(z+w)^n}{n!} t^n = e^{t(z+w)}$$

が分かる．ここで $t = 1$ とすると

$$e^{z+w} = e^z e^w \qquad (z, w \in \mathbb{C})$$

が得られる．特に $z = x$, $w = iy$ $(x, y \in \mathbb{R})$ とすれば，オイラーの公式と合わせて以下を得る．

$$e^{x+iy} = e^x e^{iy} = e^x(\cos y + i \sin y) \quad (x, y \in \mathbb{R}). \tag{6.10}$$

演習問題

□ 第6.1節の問題

1. 次の級数の収束・発散を調べよ．

(1) $\displaystyle\sum_{n=1}^{\infty}\left(\frac{n}{n+1}\right)^{n^2}$ (2) $\displaystyle\sum_{n=2}^{\infty}2^n\left(1-\frac{1}{n}\right)^{n^2}$

(3) $\displaystyle\sum_{n=1}^{\infty}\left(\sqrt{n^2+3n}-n\right)^n$ (4) $\displaystyle\sum_{n=1}^{\infty}\left(\frac{5-2n}{4+3n}\right)^n$

(5) $\displaystyle\sum_{n=1}^{\infty}\frac{n^{10}}{2^n}$ (6) $\displaystyle\sum_{n=1}^{\infty}\frac{1}{n!}\left(\frac{n}{2}\right)^n$

(7) $\displaystyle\sum_{n=1}^{\infty}2^n\sin\frac{\pi}{3^n}$ (8) $\displaystyle\sum_{n=1}^{\infty}\frac{(n!)^2}{(2n)!}$

2. 定理 6.1.11 の証明を参考にして，次のことを示せ．

$$\sum_{n=2}^{\infty}\frac{1}{n(\log n)^s} \text{ は } s>1 \text{ ならば収束し，} s\leq 1 \text{ ならば発散する．}$$

3. 次の級数が収束することを示せ．

(1) $\displaystyle\sum_{n=1}^{\infty}(-1)^{n-1}\frac{1}{\sqrt{n}}$ (2) $\displaystyle\sum_{n=1}^{\infty}(-1)^{n-1}\left(\sqrt{n+1}-\sqrt{n}\right)$

(3) $\displaystyle\sum_{n=2}^{\infty}(-1)^n\frac{1}{\log n}$ (4) $\displaystyle\sum_{n=1}^{\infty}(-1)^{n-1}\frac{n}{n^2+4}$

□ 第6.2節の問題

1. 次のべき級数の収束半径を求めよ．

(1) $\displaystyle\sum_{n=1}^{\infty}\left(\frac{n}{n+2}\right)^{n^2}x^n$ (2) $\displaystyle\sum_{n=0}^{\infty}n^2 x^n$ (3) $\displaystyle\sum_{n=0}^{\infty}\frac{n+1}{n!}x^n$

(4) $\displaystyle\sum_{n=0}^{\infty} \frac{(5n)^n}{(2n+1)!!} x^n$ (5) $\displaystyle\sum_{n=0}^{\infty} 3^n x^{2n}$ (6) $\displaystyle\sum_{n=0}^{\infty} n!\, x^n$

(7) $\displaystyle\sum_{n=0}^{\infty} (-1)^n \frac{\sqrt{(2n)!}}{n^n} x^n$ (8) $\displaystyle\sum_{n=0}^{\infty} (-2)^n \bigl(\sqrt{n+1} - \sqrt{n}\bigr) x^n$

(9) $\displaystyle\sum_{n=0}^{\infty} \bigl(3^n + 2^n \sqrt{n}\bigr) x^n$ (10) $\displaystyle\sum_{n=0}^{\infty} \bigl(\sqrt{4^n + 3^n} - 2^n\bigr) x^n$

2. 次の関数のべき級数展開 (マクローリン展開) を求めよ.

(1) $\dfrac{x^2}{1+x}$ (2) $\dfrac{3x}{1-x-2x^2}$ (3) $\dfrac{1}{2-x}$

(4) $\log(2+x)$ (5) $\dfrac{1}{\sqrt{1-x}}$ (6) $\cosh x$

(7) $\sin^2 x$ (8) $2\sin 4x \cos x$

3. (1) $f(x) = \log\bigl(x + \sqrt{1+x^2}\bigr)$ とする. $f'(x)$ のべき級数展開を求め, それを用いて $f(x)$ のべき級数展開を示せ.

(2) $f(x) = \displaystyle\sum_{n=0}^{\infty} \frac{(-1)^n}{(2n+1)!} \cdot \frac{x^{2n+3}}{2n+3}$ とする. 項別微分することにより $f'(x) = x \sin x$ を示し, これより $f(x)$ を求めよ.

4. 次の関数を $f(x)$ とする. $f^{(n)}(0)$ を求めよ.

(1) $\operatorname{Arctan} 2x$ (2) $\log(1+x^2)$ (3) xe^{x^2}

5. 次の関数に対し, べき級数展開の x^3 の項まで求めよ.

(1) $e^x \sin x$ (2) $\dfrac{\cos x}{1+x}$ (3) $\dfrac{\operatorname{Arctan} x}{1-x}$

6. 与えられた点のまわりで, 次の関数をべき級数展開せよ.

(1) e^{2x} $(x=1)$ (2) $\dfrac{1}{x^2-5x+6}$ $(x=1)$

第7章 微分方程式

 x を変数とする未知関数を $y = y(x)$ とする．未知関数 $y(x)$ を決定するための方程式が，x, y とその n 階までの導関数 $y', y'', \ldots, y^{(n)}$ の間の関係で表されるとき，その方程式を y に関する **n 階微分方程式**という．微分方程式を満たす関数をその微分方程式の**解**という．本章で扱う微分方程式は 2 階までのものである．具体例を挙げよう．

- $y' = 2xe^{-y}$ は 1 階微分方程式で $y = \log(x^2 + C)$ が解である．ここで C は任意の定数でよい．
- $y' + y \tan x = \cos x$ は 1 階微分方程式で $y = (x + C) \cos x$ が解である．ここでも C は任意の定数でよい．
- $y'' - 3y' + 2y = 0$ は 2 階微分方程式で $y = c_1 e^x + c_2 e^{2x}$ が解となる．ここでは c_1 と c_2 が任意の定数である．

 上の例のように，n 階微分方程式の解で自由に値を選べる定数を n 個含むものを，微分方程式の**一般解**といい，それらの自由に値を選べる定数を**任意定数**という．任意定数に特定の値を与えて得られる解を**特殊解**または**特解**という．任意定数にどのような値を与えても一般解からは得られない解を**特異解**という．

 一般に，微分方程式が与えられたとき，その解が初等関数により明示的に表示できることは稀である．しかしながらその一方で，ニュートンの運動方程式やバネの運動などに現れる重要な微分方程式の中には，解が初等関数で具体的に表示できるものも少なからずある．この章では，その中でも特に基本的なものが解けるようになることを目標としよう．

7.1　1階微分方程式

■ 変数分離形

　$f(x), g(y)$ を既知関数とする．

$$y' = f(x)g(y) \tag{7.1}$$

の形の微分方程式を**変数分離形**という．これは以下のようにして解ける．まず $g(y) = 0$ を解く．$g(y) = 0$ の解 h があれば定数関数 $y(x) = h$ が (7.1) の解であることは容易に分かる．以下 $g(y) \neq 0$ とする．微分方程式 (7.1) で $y' = \dfrac{dy}{dx}$ と表し，両辺を $g(y)$ で割ると

$$\frac{1}{g(y)} \frac{dy}{dx} = f(x). \tag{7.2}$$

両辺 x で積分すると，C を積分定数として

$$\int \frac{1}{g(y)} \frac{dy}{dx}\, dx = \int f(x)\, dx + C.$$

上式の左辺は置換積分法により $\int \dfrac{1}{g(y)}\, dy$ である．これより

$$\int \frac{1}{g(y)}\, dy = \int f(x)\, dx + C. \tag{7.3}$$

これを整理して得られる関数 $y = y(x)$ が (7.1) の一般解である．

例 7.1.1　$y' = \dfrac{3(y-1)}{x}$ を解く．

　まず $y = 1$ が解である．以下 $y \neq 1$ とし，上の手順を実行しよう．すると

$$\frac{1}{y-1} \frac{dy}{dx} = \frac{3}{x}. \quad \text{故に} \quad \int \frac{dy}{y-1} = \int \frac{3}{x}\, dx + c.$$

積分を計算して

$$\log|y-1| = 3\log|x| + c = \log|x^3| + c.$$

従って $\log\left|\dfrac{y-1}{x^3}\right| = c$．両辺の指数関数をとって $\left|\dfrac{y-1}{x^3}\right| = e^c$．絶対値をは

ずすと $y-1 = \pm e^c x^3$. ここで $\pm e^c = C$ とおくと $C \neq 0$ で $y = 1 + Cx^3$. こ
こで,得られた一般解に $C = 0$ とすると $y = 1$ となり,これは初めに得た定
数解である.よって,解は $y = 1 + Cx^3$ (C を任意定数) である.

1 階微分方程式を解く際に $y(x_0) = k$ をみたす解を求めたいことがある
(x_0, k は与えられた定数).この条件を**初期条件**といい,初期条件をみたす微
分方程式の解を求めることを**初期値問題**を解くという.例えば,例 7.1.1 の微
分方程式で初期条件が $y(1) = 2$ の場合,微分方程式の一般解は $y = 1 + Cx^3$
だから初期条件より $2 = 1 + C$. 故に $C = 1$ となり求める解は $y = 1 + x^3$ と
なる.

- 微分方程式が以下の形になるとき**同次形**という.

$$y' = f\left(\frac{y}{x}\right).$$

この方程式は変数分離形に帰着されることを見よう.$u = y/x$ により,未知
関数を $y = y(x)$ から $u = u(x)$ に変える.すると $y(x) = xu(x)$ だから $y' = u + xu'$. 従って上の微分方程式は $u + xu' = f(u)$, 即ち

$$u' = \frac{f(u) - u}{x}$$

となり変数分離形になる.あとはこれを解いて $u = y/x$ とすればよい.

例 7.1.2 $xyy' = x^2 + y^2$ を解く.この式を変形すると

$$y' = \frac{x^2 + y^2}{xy} = \frac{x}{y} + \frac{y}{x}$$

となるから同次形である.$u = y/x$ とおくと $y = xu$, $y' = u + xu'$ より

$$u + xu' = u + \frac{1}{u}. \quad 即ち \quad u' = \frac{1}{xu}.$$

あとは変数分離形の解法に沿って

$$u \frac{du}{dx} = \frac{1}{x}, \quad よって \quad \int u\,du = \int \frac{dx}{x} + C.$$

これより $u^2/2 = \log|x| + C$ となる.$u = y/x$ とおいて整理すると $y^2 = 2x^2(\log|x| + C)$. これが与式の一般解である.

- 次の微分方程式も変数分離形に帰着される．

$$y' = f(ax + by + c) \qquad (b \neq 0).$$

$u = ax + by + c$ により未知関数を $y = y(x)$ から $u = u(x)$ に変える．すると $u' = a + by'$ より

$$u' = a + bf(u)$$

となり変数分離形になる．あとはこれを解き $u = ax + by + c$ とすればよい．

例 7.1.3 $y' = (x+y)^2$ を解く．$u = x+y$ とおくと $u' = 1+y'$．よって与えられた微分方程式は $u' = 1 + u^2$ となる．よって

$$\frac{1}{1+u^2}\frac{du}{dx} = 1. \quad \text{故に} \quad \int \frac{du}{1+u^2} = \int dx + C.$$

これより $\text{Arctan}\, u = x + C$．従って $u = \tan(x + C)$ となる．$u = x + y$ であるから求める解は $y = -x + \tan(x + C)$．

■ 1 階線形微分方程式

$f(x), r(x)$ を既知関数とする．

$$y' + f(x)y = r(x) \tag{7.4}$$

の形の微分方程式を **1 階線形微分方程式** という．特に，$r(x) \equiv 0$ のときの

$$y' + f(x)y = 0 \tag{7.5}$$

を**斉次形**といい，そうでないときは**非斉次形**という．

定数変化法と呼ばれる方法で (7.4) の解を求める．非斉次形の (7.4) を解くために，まず斉次形の (7.5) を解く．(7.5) は変数分離形 $y' = -f(x)y$ だから解くことができ，一般解は $y = Ce^{-F(x)}$ となる．ただし $F(x)$ は $f(x)$ の原始関数である．次に任意定数 C を未知関数 $u(x)$ で置き換えた

$$y = u(x)e^{-F(x)}$$

が (7.4) の解となるように $u(x)$ を定める．これを (7.4) に代入すると
$$\{u'(x)e^{-F(x)} - u(x)f(x)e^{-F(x)}\} + f(x)u(x)e^{-F(x)} = r(x).$$
これより $u'(x)e^{-F(x)} = r(x)$．従って $u'(x) = e^{F(x)}r(x)$ だから
$$u(x) = \int e^{F(x)}r(x)\,dx + C.$$
これを $y = u(x)e^{-F(x)}$ に代入した
$$y = e^{-F(x)}\left(\int e^{F(x)}r(x)\,dx + C\right).$$
が (7.4) の一般解である．以上を定理としてまとめておこう．

定理 7.1.4 1階線形微分方程式 $y' + f(x)y = r(x)$ の一般解は
$$y = e^{-F(x)}\left(\int e^{F(x)}r(x)\,dx + C\right)$$
で与えられる．ここで $F(x) = \int f(x)\,dx$ である．

実は上の定理 7.1.4 は次のようにしても求められる．(7.4) に $e^{F(x)}$ をかけると
$$e^{F(x)}(y' + f(x)y) = e^{F(x)}r(x).$$
この式の左辺は $(e^{F(x)}y)'$ だから $(e^{F(x)}y)' = e^{F(x)}r(x)$．これを積分して両辺に $e^{-F(x)}$ をかけると再び定理 7.1.4 が得られる．

例 7.1.5 $y' - \dfrac{y}{x} = x\cos x$ $(x > 0)$ を定数変化法で解く．

まず $y' - y/x = 0$ を解く．これは変数分離形 $y' = y/x$ だから解けて，一般解は $y = Cx$．次に C を未知関数 $u(x)$ におきかえた $y = xu(x)$ を与式の解とすると
$$u(x) + xu'(x) - \frac{xu(x)}{x} = x\cos x.$$
従って $u'(x) = \cos x$ となり

$$u(x) = \int \cos x \, dx + C = \sin x + C.$$

これより一般解は $y = x(\sin x + C)$ である．

■ **完全微分方程式**

$P(x, y)$ と $Q(x, y)$ を既知関数とする．微分方程式

$$\frac{dy}{dx} = -\frac{P(x, y)}{Q(x, y)}$$

はしばしば

$$P(x, y) \, dx + Q(x, y) \, dy = 0 \tag{7.6}$$

と表される．関数 $P(x, y), Q(x, y)$ に対して，関数 $F(x, y)$ で

$$\frac{\partial F}{\partial x}(x, y) = P(x, y), \qquad \frac{\partial F}{\partial y}(x, y) = Q(x, y) \tag{7.7}$$

となるものがあるとき，(7.6) を **完全微分方程式** という．このとき微分方程式 (7.6) の一般解は

$$F(x, y) = C \qquad (C \text{ は任意定数})$$

で与えられる．詳しくいえば，$F(x, y) = C$ が y について解けて $y = y(x)$ が得られたとすると，この $y(x)$ が (7.6) の解ということである．実際 $F(x, y(x)) = C$ の両辺を x で微分すると，連鎖律 (定理 4.3.1) と (7.7) により

$$0 = \frac{d}{dx} C = \frac{d}{dx} F(x, y(x)) = P(x, y(x)) + Q(x, y(x)) \, y'(x)$$

となり，確かに $y(x)$ が (7.6) の解であることが分かる．

さて，微分方程式 (7.6) が完全微分方程式となるための P と Q に関する必要十分条件について調べよう．まず，(7.6) が完全微分方程式ならば，(7.7) が成り立つような F があるので

$$\frac{\partial P}{\partial y} = \frac{\partial}{\partial y}\left(\frac{\partial F}{\partial x}\right) = \frac{\partial}{\partial x}\left(\frac{\partial F}{\partial y}\right) = \frac{\partial Q}{\partial x}.$$

そこで，逆に $P_y = Q_x$ のとき (7.6) が完全微分方程式になることを示そう．それには (7.7) を満たす F を具体的に表示すればよい．$F_x = P$ が成り立たなければならないので

$$F(x,y) = \int P(x,y)\,dx + g(y) \tag{7.8}$$

の形となる．これが $F_y = Q$ をみたさなければならないから，上式を y で偏微分して

$$Q(x,y) = \frac{\partial}{\partial y}\int P(x,y)\,dx + g'(y).$$

移項して

$$g'(y) = Q(x,y) - \frac{\partial}{\partial y}\int P(x,y)\,dx \tag{7.9}$$

を得る (注意 7.1.6 により，(7.9) の右辺は y のみの関数である)．従って，

$$g(y) = \int \left(Q(x,y) - \frac{\partial}{\partial y}\int P(x,y)\,dx \right) dy.$$

これを (7.8) に代入してできる $F(x,y)$ は確かに (7.7) をみたす．

注意 7.1.6 (7.9) の右辺を x で偏微分して $P_y = Q_x$ を用いると

$$\frac{\partial}{\partial x}((7.9)\text{ の右辺}) = Q_x(x,y) - \frac{\partial}{\partial x}\left(\frac{\partial}{\partial y}\int P(x,y)\,dx \right)$$
$$= Q_x(x,y) - \frac{\partial}{\partial y}\left(\frac{\partial}{\partial x}\int P(x,y)\,dx \right) = Q_x(x,y) - P_y(x,y) = 0.$$

これは (7.9) の右辺が x に関係しないことを示している．

以上の議論をまとめると次の定理となる．

定理 7.1.7 微分方程式 $P(x,y)\,dx + Q(x,y)\,dy = 0$ は $\dfrac{\partial P}{\partial y} = \dfrac{\partial Q}{\partial x}$ のとき完全微分方程式であり，一般解は

$$\int P(x,y)\,dx + \int \left(Q(x,y) - \frac{\partial}{\partial y}\int P(x,y)\,dx \right) dy = C$$

で与えられる．

例 7.1.8 $(2x + e^y)\,dx + (2y + xe^y)\,dy = 0$ を解く．

$$\frac{\partial}{\partial y}(2x + e^y) = e^y = \frac{\partial}{\partial x}(2y + xe^y)$$

だから与式は完全微分方程式である．ここで

$$\int (2x + e^y)\,dx = x^2 + xe^y,$$
$$\int \left(2y + xe^y - \frac{\partial}{\partial y}(x^2 + xe^y)\right)dy = \int 2y\,dy = y^2$$

だから，定理 7.1.7 より一般解は $x^2 + xe^y + y^2 = C$ である．

7.2　2階定数係数線形微分方程式

■ 定数係数斉次線形微分方程式

a, b を実数の定数とする．

$$y'' + ay' + by = 0 \tag{7.10}$$

の形の微分方程式を **2 階定数係数斉次線形微分方程式**という．この方程式の解は次の性質を持つ．

定理 7.2.1 y_1 と y_2 を (7.10) の解，c_1 と c_2 を任意の定数とする．このとき $c_1 y_1 + c_2 y_2$ も (7.10) の解である．

【証明】y_1 と y_2 を (7.10) の解とすると

$$(c_1 y_1 + c_2 y_2)'' + a(c_1 y_1 + c_2 y_2)' + b(c_1 y_1 + c_2 y_2)$$
$$= c_1(y_1'' + ay_1' + by_1) + c_2(y_2'' + ay_2' + by_2) = 0$$

となるから，$c_1 y_1 + c_2 y_2$ も (7.10) の解である．　∎

実は，(7.10) の一般解は，異なる二つの解 y_1, y_2 を求めて $c_1 y_1 + c_2 y_2$ とすればよい．その準備には，複素数を変数とする指数関数が必要となる．そこで $z = s + it$ $(s, t \in \mathbb{R})$ に対して

$$e^z = e^{s+it} = e^s(\cos t + i\sin t) \tag{7.11}$$

であったことを思い出そう (式 (6.10)). これより,すべての $z \in \mathbb{C}$ に対して $e^z \neq 0$ と $e^z e^{-z} = 1$ が成り立つことが分かる.また $\lambda \in \mathbb{C}$ と $x \in \mathbb{R}$ に対して

$$\frac{d}{dx}e^{\lambda x} = \lambda e^{\lambda x} \tag{7.12}$$

が成り立つ.これを示そう. $\lambda = p + iq \ (p, q \in \mathbb{R})$ とおくと (7.11) より $e^{\lambda x} = e^{px}(\cos qx + i\sin qx)$. 従って

$$\begin{aligned}\frac{d}{dx}e^{\lambda x} &= pe^{px}(\cos qx + i\sin qx) + qe^{px}(-\sin qx + i\cos qx) \\ &= pe^{px}(\cos qx + i\sin qx) + iqe^{px}(\cos qx + i\sin qx) \\ &= (p+iq)e^{px}(\cos qx + i\sin qx) = \lambda e^{\lambda x}\end{aligned}$$

となり,確かに (7.12) が成り立つ.これらの準備の下, (7.10) の解で $y = e^{\lambda x}$ の形のものを求めよう. (7.12) より $(e^{\lambda x})'' = \lambda^2 e^{\lambda x}$ だから, $y = e^{\lambda x}$ を (7.10) に代入すると $(\lambda^2 + a\lambda + b)e^{\lambda x} = 0$ となる. $e^{\lambda x} \neq 0$ だから $y = e^{\lambda x}$ が解であることと

$$\lambda^2 + a\lambda + b = 0 \tag{7.13}$$

が成り立つこととは同値である.この式 (7.13) を (7.10) の**特性方程式**という. a, b は実数だから特性方程式の根の型は以下の(i), (ii), (iii)の三つに分けられる.それぞれの場合について考えよう.

(i) 特性方程式が異なる 2 実数根 α, β を持つとき.
$e^{\alpha x}$ と $e^{\beta x}$ が (7.10) の解.従って定理 7.2.1 により $y = c_1 e^{\alpha x} + c_2 e^{\beta x}$ が (7.10) の一般解である.

(ii) 特性方程式が共役複素数の根 $p \pm iq \ (q \neq 0)$ を持つとき.
$\alpha = p + iq$, $\beta = p - iq$ とおこう.この場合も $e^{\alpha x}$ と $e^{\beta x}$ が (7.10) の解である.すると (7.11) により

$$e^{\alpha x} = e^{px}(\cos qx + i\sin qx), \qquad e^{\beta x} = e^{px}(\cos qx - i\sin qx)$$

が成り立つ．ここで定理 7.2.1 により

$$\frac{e^{\alpha x}+e^{\beta x}}{2}=e^{px}\cos qx, \quad \frac{e^{\alpha x}-e^{\beta x}}{2i}=e^{px}\sin qx$$

も (7.10) の解である．再び定理 7.2.1 により $y=c_1 e^{px}\cos qx + c_2 e^{px}\sin qx$ がこの場合の一般解であることが分かる．

(iii) 特性方程式が実数の重根 α を持つとき．

この場合 $a=-2\alpha$, $b=\alpha^2$ であることに注意する．$e^{\alpha x}$ が (7.10) の一つの解である．別の解を得るため，定数変化法を用いる．$y=e^{\alpha x}$ が解だから，定理 7.2.1 により C を任意定数として $y=Ce^{\alpha x}$ も解である．この C を未知関数 $u(x)$ に置き換えた $y=u(x)e^{\alpha x}$ が (7.10) の解となるように $u(x)$ を定めよう．$y=u(x)e^{\alpha x}$ を (7.10) に代入すると

$$(u''+2\alpha u'+\alpha^2 u)e^{\alpha x}-2\alpha(u'+\alpha u)e^{\alpha x}+\alpha^2 u e^{\alpha x}=0.$$

$e^{\alpha x}$ で割り整理すると $u''=0$．これより $u=c_1+c_2 x$ となるから (7.10) の一般解は $y=(c_1+c_2 x)e^{\alpha x}$ となる．

いずれの場合も一般解は上記の形のものしかないことが分かっている．以上をまとめて次の定理を得る．

定理 7.2.2 微分方程式 $y''+ay'+by=0$ の一般解は次で与えられる．

(i) 特性方程式が異なる二つの実数根 α, β を持つとき，

$$y=c_1 e^{\alpha x}+c_2 e^{\beta x}.$$

(ii) 特性方程式が共役複素数の根 $p\pm iq$ $(q\neq 0)$ を持つとき，

$$y=c_1 e^{px}\cos qx + c_2 e^{px}\sin qx.$$

(iii) 特性方程式が実数の重根 α を持つとき，

$$y=c_1 e^{\alpha x}+c_2 x e^{\alpha x}.$$

上の一般解はいずれも $y=c_1 y_1+c_2 y_2$ の形をしており，y_2 が y_1 の定数倍ではないという特徴がある．この性質を持つ解の組 y_1, y_2 を微分方程式 $y''+$

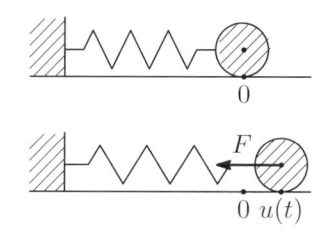

図 7.1: バネの運動. 上は静止状態.

$ay' + by = 0$ の**基本解**という.

例 7.2.3 微分方程式を通してバネの運動について調べよう.

まず初めに,物理現象を微分方程式で記述する際に基本となるニュートンの運動方程式について説明する.時間とともに直線上を動く物体があるとする.今,時刻 t におけるこの物体の位置を $u(t)$ とする.このとき,この物体の時刻 t における速度,加速度はそれぞれ $u'(t)$, $u''(t)$ で与えられる.そして,この物体に働く外力 F とそれによって生じる加速度 u'' には,**ニュートンの運動方程式**と呼ばれる次の関係があることが知られている:

$$F = mu''(t). \tag{7.14}$$

ただし,$m > 0$ は物体の質量である.

さて,(7.14) を用いてバネの運動を調べよう.図 7.1 のような,バネにつながれた物体の運動を考える.ただし,床は十分なめらかで,摩擦は無視できるものとする.フックの法則によれば,時刻 t で物体が $u(t)$ の位置にあるとき,物体には $F = -ku(t)$ の力がかかる.ここで $k > 0$ はバネ定数と呼ばれる比例定数である.これを式 (7.14) に代入し,整理することによって

$$u'' + \omega^2 u = 0$$

を得る.ただし $\omega = \sqrt{k/m}$ とおいた.これの特性方程式 $\lambda^2 + \omega^2 = 0$ の根は $\lambda = \pm \omega i$ だから,定理 7.2.2 (ii) により一般解

$$u(t) = c_1 \cos \omega t + c_2 \sin \omega t$$

が得られる．これは $u(t) = A\sin(\omega t + \alpha)$ (ただし $A = \sqrt{c_1^2 + c_2^2}$, $\sin\alpha = c_1/A$, $\cos\alpha = c_2/A$) と書けるから，確かに単振動の式を与えている．

2階微分方程式における**初期値問題**とは，**初期条件** $y(x_0) = k$, $y'(x_0) = \ell$ をみたす微分方程式の解を求めることである．ここで x_0, k, ℓ は与えられた定数である．

例 7.2.4 初期値問題 $y'' - 3y' + 2y = 0$, $y(0) = 2$, $y'(0) = 1$ を解く．微分方程式の特性方程式 $\lambda^2 - 3\lambda + 2 = 0$ を解くと $\lambda = 1, 2$. 従って一般解は
$$y = c_1 e^x + c_2 e^{2x}.$$

$y(0) = 2$ より $c_1 + c_2 = 2$. また，これを微分すると $y' = c_1 e^x + 2c_2 e^{2x}$ なので，$y'(0) = 1$ より $c_1 + 2c_2 = 1$. これを解いて $c_1 = 3$, $c_2 = -1$. 従って求める解は $y = 3e^x - e^{2x}$.

応用面では別の形の条件 $y(x_0) = k$, $y(x_1) = \ell$ ($x_0 \neq x_1$) を考えることもある．この条件は**境界条件**と呼ばれ，この条件をみたす微分方程式の解を求めることを**境界値問題**を解くという．

■ **非斉次線形微分方程式**

非斉次の場合の一般解を考察しよう．
$$y'' + ay' + by = r(x) \tag{7.15}$$

の特解を y_p とする．また，右辺を0とした斉次方程式
$$y'' + ay' + by = 0 \tag{7.16}$$

の基本解を y_1, y_2 とする．(7.15) の任意の解を Y とすると $Y - y_\mathrm{p}$ は (7.16) の解である．実際
$$(Y - y_\mathrm{p})'' + a(Y - y_\mathrm{p})' + b(Y - y_\mathrm{p})$$
$$= Y'' + aY' + bY - (y_\mathrm{p}'' + ay_\mathrm{p}' + by_\mathrm{p}) = r(x) - r(x) = 0.$$

よって定理 7.2.2 により $Y - y_p = c_1 y_1 + c_2 y_2$. 故に
$$Y = y_p + c_1 y_1 + c_2 y_2.$$

以上から，(7.15) の任意の解は (7.15) の特解と (7.16) の一般解の和で表されることが分かる．即ち，

$$(\text{非斉次形の一般解}) = (\text{非斉次形の特解}) + (\text{斉次形の一般解}). \quad (7.17)$$

斉次形の一般解は定理 7.2.2 で既に求めているから，(7.15) の特解を一つ見つければ (7.15) の一般解が求まる．

例 7.2.5 $y'' - y = 1$ の特解が $y_p = -1$ であることは代入すれば分かる．一方，斉次方程式 $y'' - y = 0$ については，特性方程式が $\lambda^2 - 1 = 0$ でこの根が $\lambda = \pm 1$ だから，その一般解は $y = c_1 e^x + c_2 e^{-x}$ となる．従って与式の一般解は (7.17) により $y = -1 + c_1 e^x + c_2 e^{-x}$ である．

特解の求め方としては，どのような $r(x)$ にも適用できる一般的な方法 (定数変化法) と特別な形の $r(x)$ に対し適用できる方法 (未定係数法) がある．

■ 特解の求め方，その 1 (定数変化法)

引き続き (7.16) の基本解を y_1, y_2 とする．(7.16) の一般解は定理 7.2.2 により $y = c_1 y_1 + c_2 y_2$ であるが，この c_1 と c_2 を未知関数 $u(x)$ と $v(x)$ に置き換えた

$$y_p = u(x) y_1(x) + v(x) y_2(x) \quad (7.18)$$

が (7.15) の特解となるように $u(x)$ と $v(x)$ を定める．(7.18) を微分すると

$$y_p' = u' y_1 + u y_1' + v' y_2 + v y_2'$$

が成り立つ．$u(x)$ と $v(x)$ の第 2 次導関数が現れないようにするために

$$u' y_1 + v' y_2 = 0 \quad (7.19)$$

を仮定する．すると

$$y_{\mathrm{p}}' = uy_1' + vy_2'. \tag{7.20}$$

これをさらに微分すると

$$y_{\mathrm{p}}'' = u'y_1' + uy_1'' + v'y_2' + vy_2''. \tag{7.21}$$

(7.18), (7.20) 及び (7.21) から

$$\begin{aligned}
&y_{\mathrm{p}}'' + ay_{\mathrm{p}}' + by_{\mathrm{p}} \\
&= (u'y_1' + uy_1'' + v'y_2' + vy_2'') + a(uy_1' + vy_2') + b(uy_1 + vy_2) \\
&= u(y_1'' + ay_1' + by_1) + v(y_2'' + ay_2' + by_2) + u'y_1' + v'y_2' \\
&= u'y_1' + v'y_2'.
\end{aligned}$$

これが $r(x)$ に等しいとき, 即ち

$$u'y_1' + v'y_2' = r(x) \tag{7.22}$$

が成り立つとき, (7.18) が (7.15) の特解になる. 2 式 (7.19), (7.22) を連立させたものを行列の形で表すと

$$\begin{pmatrix} y_1 & y_2 \\ y_1' & y_2' \end{pmatrix} \begin{pmatrix} u' \\ v' \end{pmatrix} = \begin{pmatrix} 0 \\ r(x) \end{pmatrix}$$

となる. ここで, 左辺の 2×2 行列の行列式を $W(x)$ とおく. 即ち,

$$W(x) = \det \begin{pmatrix} y_1 & y_2 \\ y_1' & y_2' \end{pmatrix} = y_1 y_2' - y_1' y_2.$$

これは y_1, y_2 の**ロンスキアン**と呼ばれる量で, 必ず $W(x) \neq 0$ となる (第 7.2 節の演習問題 2 参照). 従って,

$$\begin{pmatrix} u' \\ v' \end{pmatrix} = \frac{1}{W(x)} \begin{pmatrix} y_2' & -y_2 \\ -y_1' & y_1 \end{pmatrix} \begin{pmatrix} 0 \\ r(x) \end{pmatrix} = \frac{r(x)}{W(x)} \begin{pmatrix} -y_2 \\ y_1 \end{pmatrix}.$$

各成分を積分すると

$$u(x) = -\int \frac{y_2(x)r(x)}{W(x)}\,dx, \qquad v(x) = \int \frac{y_1(x)r(x)}{W(x)}\,dx.$$

これらを (7.18) に代入したものが (7.15) の特解となる．以上より次の定理を得る．

定理 7.2.6 非斉次線形微分方程式 (7.15) の特解 y_p は次式で与えられる．

$$y_p = -y_1(x)\int \frac{y_2(x)r(x)}{W(x)}\,dx + y_2(x)\int \frac{y_1(x)r(x)}{W(x)}\,dx.$$

ここで y_1, y_2 は (7.16) の基本解であり，$W(x)$ はそのロンスキアンである．

この定理と (7.17) により，2 階の非斉次線形微分方程式の一般解が求められる．

例 7.2.7 $y'' + y = \dfrac{1}{\cos x}$ の一般解を求める．

まず斉次方程式 $y'' + y = 0$ の一般解を求める．特性方程式 $\lambda^2 + 1 = 0$ を解くと $\lambda = \pm i$．これより $y'' + y = 0$ の一般解は $y = c_1 \cos x + c_2 \sin x$．ここで $y_1 = \cos x$, $y_2 = \sin x$ とおくとそのロンスキアンは

$$W(x) = \det\begin{pmatrix} \cos x & \sin x \\ -\sin x & \cos x \end{pmatrix} = 1.$$

従って与式の特解は定理 7.2.6 より

$$-\cos x \int \frac{\sin x}{\cos x}\,dx + \sin x \int \frac{\cos x}{\cos x}\,dx = \cos x \log|\cos x| + x \sin x.$$

故に求める一般解は (7.17) から

$$y = \cos x \log|\cos x| + x \sin x + c_1 \cos x + c_2 \sin x.$$

■ 特解の求め方，その 2（未定係数法）

引き続き $y'' + ay' + by = r(x)$ の特解を考察する．ここでは，$r(x)$ が指数関数・三角関数・多項式のときに定理 7.2.6 よりも簡単に特解を見つける方法を

紹介する．なお，以下では対応する斉次方程式 $y'' + ay' + by = 0$ の特性方程式 $\lambda^2 + a\lambda + b = 0$ を，単に特性方程式と呼ぶ．

(i) $r(x) = Ae^{\alpha x}$ の場合．

このとき，特解 y_p は以下のようになる．

- α が特性方程式の根でないとき $y_p = Ke^{\alpha x}$ の形,
- α が特性方程式の単根のとき $y_p = Kxe^{\alpha x}$ の形,
- α が特性方程式の重根のとき $y_p = Kx^2 e^{\alpha x}$ の形.

なお，単根とは根であるが重根でないことである．これら y_p を方程式に代入して定数 K を決めればよい．

例 7.2.8 $y'' - 2y' + y = 8e^{-x}$ の特解を求める．-1 は特性方程式 $\lambda^2 - 2\lambda + 1 = 0$ の根ではない．よって特解は $y_p = Ke^{-x}$ の形である．これを微分方程式に代入すると $4Ke^{-x} = 8e^{-x}$. 従って $K = 2$ となり，特解は $y_p = 2e^{-x}$.

(ii) $r(x) = A\cos\omega x$ または $A\sin\omega x$ の場合．

まず元の微分方程式 $y'' + ay' + by = A\cos\omega x$ (または $A\sin\omega x$) のかわりに，未知関数 $z = z(x)$ の微分方程式

$$z'' + az' + bz = Ae^{i\omega x} \tag{7.23}$$

を考え，その特解 z_p を求める．このとき，前述の (i) の議論が適用できて，特解 z_p は以下のようになる．

- $i\omega$ が特性方程式の根でないとき，$z_p = Ke^{i\omega x}$ の形,
- $i\omega$ が特性方程式の単根のとき，$z_p = Kxe^{i\omega x}$ の形.

これらを (7.23) に代入して定数 K を決める．求めた z_p を実部と虚部に分けて $z_p = u + iv$ と表すと，(7.23) とオイラーの公式より

$$(u + iv)'' + a(u + iv)' + b(u + iv) = A(\cos\omega x + i\sin\omega x).$$

両辺の実部・虚部を比較すると

$$u'' + au' + bu = A\cos\omega x, \qquad v'' + av' + bv = A\sin\omega x.$$

これは，$r(x) = A\cos\omega x, A\sin\omega x$ のとき，u, v がそれぞれ元の方程式の特

解であることを表している．従って，元の方程式の特解 y_p は
- $r(x) = A\cos\omega x$ のとき，$y_\mathrm{p} = (z_\mathrm{p}$ の実部$)$,
- $r(x) = A\sin\omega x$ のとき，$y_\mathrm{p} = (z_\mathrm{p}$ の虚部$)$

となることが分かる．

例 7.2.9 $y'' + 2y' = 5\cos x$ の特解を求める．まず，$z'' + 2z' = 5e^{ix}$ の特解 z_p を求める．i は特性方程式 $\lambda^2 + 2\lambda = 0$ の根ではない．故に特解は $z_\mathrm{p} = Ke^{ix}$ の形である．$z'_\mathrm{p} = iKe^{ix}$, $z''_\mathrm{p} = -Ke^{ix}$ を代入すると $K(-1+2i)e^{ix} = 5e^{ix}$. よって $K = -1 - 2i$. 従って

$$z_\mathrm{p} = (-1-2i)e^{ix} = (-1-2i)(\cos x + i\sin x).$$

これより元の方程式の特解 y_p は z_p の実部をとって $y_\mathrm{p} = -\cos x + 2\sin x$.

　(iii) $r(x)$ が x の n 次式の場合．

　このとき y_p も x の多項式で，以下のようになる．

- 0 が特性方程式の根でないとき，$y_\mathrm{p} = \sum_{k=0}^{n} c_k x^k$ の形,
- 0 が特性方程式の単根のとき，$y_\mathrm{p} = \sum_{k=1}^{n+1} c_k x^k$ の形．

特に 0 が単根のとき，y_p は定数項のない $(n+1)$ 次式となる．これらを方程式に代入して係数を決めればよい．

例 7.2.10 $y'' - 3y' + 2y = 2x^2 - 6x$ の特解を求める．0 は特性方程式 $\lambda^2 - 3\lambda + 2 = 0$ の根ではない．よって特解は $y_\mathrm{p} = ax^2 + bx + c$ の形である．これを微分方程式に代入して整理すると

$$2ax^2 + (2b - 6a)x + 2a - 3b + 2c = 2x^2 - 6x.$$

これより $2a = 2$, $2b - 6a = -6$, $2a - 3b + 2c = 0$. これを解いて $a = 1$, $b = 0$, $c = -1$. 従って，求める特解は $y_\mathrm{p} = x^2 - 1$.

演習問題

□ 第 7.1 節の問題

1. 次の微分方程式を解け．(変数分離形)

(1) $y' = -xy$ (2) $y' = 2xe^{-y}$ (3) $y' = 2y$

(4) $y' = 2 - y$ (5) $y' = 2x(y+2)^2$ (6) $y' = y - 2y^2$

(7) $y' = \dfrac{1+y}{1-x}$ (8) $y' = \left(1 + \dfrac{1}{x}\right)y$ (9) $y' = 3x^2\sqrt{1+y^2}$

2. 次の微分方程式を解け．(同次形等)

(1) $y' = \dfrac{y}{x+y}$ (2) $y' = \dfrac{y(x-y)}{x^2}$ (3) $y' = \dfrac{y^2 - x^2}{2xy}$

(4) $y' = e^{x-y} + 1$ (5) $y' = (x-y)^2$

3. 次の微分方程式を解け．(1 階線形)

(1) $y' - 2y = e^x$ (2) $y' - y = e^x \sin x$ (3) $y' - 2xy = xe^{x^2/2}$

(4) $y' - \dfrac{1}{x}y = 1$ (5) $y' - \dfrac{3}{x}y = x^4 e^x$ (6) $y' + \dfrac{2}{x}y = \dfrac{\log x}{x^2}$

(7) $y' + y = \cos x$ (8) $y' + 2y = \sin x$ (9) $y' + y\tan x = \cos^2 x$

4. 次の微分方程式を解け．(完全微分形)

(1) $(4x + 5y)\,dx + (5x + 3y^2)\,dy = 0$

(2) $(y - \sin x)\,dx + (x + \cos y)\,dy = 0$

(3) $(e^x + 2xy + 2y^2)\,dx + (x^2 + 4xy + e^y)\,dy = 0$

5. 曲線 C は点 $(1,2)$ を通り，C 上の任意の点 P における接線と y 軸との交点を Q とすると，線分 PQ は x 軸によって 2 等分される．曲線 C の方程式を求めよ．

□ 第 7.2 節の問題

1. 次の初期値問題・境界値問題を解け．

(1) $y'' - y' - 6y = 0$, $y(0) = 3$, $y'(0) = 4$.

(2) $y'' + y' - 2y = 0$, $y(0) = 3$, $y'(0) = 0$.

(3) $y'' + 2y' + y = 0$, $y(0) = 2$, $y'(0) = 1$.

(4) $y'' + 2y' + 2y = 0$, $y(0) = 1$, $y'(0) = 1$.

(5) $y'' + 4y' + 4y = 0$, $y(0) = 1$, $y(1) = 0$.

(6) $y'' + 2y' + 5y = 0$, $y(0) = 0$, $y(\pi) = 0$.

2. 次の関数のロンスキアンを計算せよ．

(1) $y_1 = e^{ax}$, $y_2 = e^{bx}$ $(a \neq b)$.

(2) $y_1 = e^{ax}$, $y_2 = xe^{ax}$.

(3) $y_1 = e^{px} \cos qx$, $y_2 = e^{px} \sin qx$ $(q \neq 0)$.

3. 次の微分方程式の一般解を求めよ．（定数変化法）

(1) $y'' - 5y' + 6y = xe^{3x}$ (2) $y'' - 4y' + 4y = x^2 e^{2x}$

(3) $y'' - 2y' + 2y = \dfrac{e^x}{\sin x}$

4. 次の微分方程式の一般解を求めよ．（未定係数法）

(1) $y'' - y = e^{-2x}$ (2) $y'' - 2y' - 3y = 8e^{3x}$

(3) $y'' - 2y' + y = e^x$ (4) $y'' + 2y' + y = 5\cos 2x$

(5) $y'' - 4y' + 5y = 4\sin x$ (6) $y'' + y = \cos x$.

(7) $y'' + 4y = \sin 2x$ (8) $y'' - 3y' + 2y = 2x^2 + 1$

(9) $y'' + y' = 3x^2$

演習問題の略解

□ 第 1 章の問題

1. (1) 3   (2) ∞ (3) 0   (4) 2   (5) e^3
   (6) e^{-1} (7) e (8) e^{-2} (9) π (10) 0

2. $\lim_{n\to\infty} a_n = 2$

3. $\lim_{n\to\infty} a_n = -1$

4. (1) $\dfrac{3}{2}$ (2) 1   (3) 0   (4) 1   (5) 3   (6) 2   (7) e^{-1} (8) $\sqrt{e}$

5. $x \to \infty$, $x \to -\infty$ での極限はそれぞれ
   (1) $\dfrac{\pi}{2}, -\dfrac{\pi}{2}$ (2) $1, -1$ (3) $5, 4$ (4) $\dfrac{3}{2}, -\dfrac{3}{2}$

6. (1) $-\dfrac{\pi}{6}$ (2) $\dfrac{3}{4}\pi$ (3) $\dfrac{\pi}{3}$ (4) $\dfrac{\pi}{3}$ (5) $\dfrac{1}{\sqrt{2}}$ (6) $\dfrac{\pi}{4}$

7. (1) $x = \dfrac{\sqrt{5}}{3}$ (2) $x = \dfrac{11}{16}$ (3) $x = \dfrac{1}{2\sqrt{2}}$ (4) $x = 1$

8. (1) $\cosh(-x) = \cosh x$, $\sinh(-x) = -\sinh x$ などを示せばよい.
   (2) (3) 省略
   (4) $y = \cosh x \ (x \geq 0)$ の逆関数は $x = \log\left(y + \sqrt{y^2 - 1}\right) \ (y \geq 1)$
      $y = \sinh x$ の逆関数は $x = \log\left(y + \sqrt{y^2 + 1}\right) \ (y \in \mathbb{R})$
      $y = \tanh x$ の逆関数は $x = \dfrac{1}{2} \log\left(\dfrac{1+y}{1-y}\right) \ (|y| < 1)$

□ 第 2.1 節の問題

1. (1) $-3\cos^2 x \sin x$ (2) $(1 + 2x)e^{2x}$ (3) $\dfrac{\pi}{\cos^2 \pi x}$
   (4) $-\dfrac{1}{x^2 + 1}$ (5) $\dfrac{2x}{\sqrt{2x^2 + 1}}$ (6) $\dfrac{1}{\sqrt{1-x^2}}$
   (7) $\dfrac{6x}{1 + 3x^2}$ (8) $\dfrac{2}{x^2 + 1}$ (9) $\dfrac{-1}{(\cos x + \sin x)^2}$

(10) $\dfrac{1}{\sqrt{x^2+1}}$ (11) $\dfrac{1-\log x}{x^2} x^{1/x}$

(12) $-\sin x \left(1+\log(\cos x)\right)\left(\cos x\right)^{\cos x}$

(13) $2x\sqrt{\dfrac{1+x^2}{1-x^2}}\left(1+\dfrac{x^2}{1-x^4}\right)$ (14) $\dfrac{1}{1-x^2}$

2. 省略

3. (1) $\lim_{x\to 0}\sin\dfrac{1}{x}$ は存在しない. (2) $f'(0)=0$ である.

(3) $\lim_{x\to 0}f'(x)=f'(0)$ を示す.

第 2.2 節の問題

1. (1) 1 (2) 1
2. (1) e^x の単調性 (2) (1) を用いる.
3. (1)(2) 共に左辺を微分すると 0 になる.
4. 増減表は以下の通り.

(1)

x	$\cdots$	-2	$\cdots$	2	$\cdots$
y'	$-$	0	$+$	0	$-$
y	$\searrow$	$-1/4$ 極小	$\nearrow$	$1/4$ 極大	$\searrow$

(2)

x	(0)	$\cdots$	$3/4$	$\cdots$	(1)
y'		$+$	0	$-$	
y	(0)	$\nearrow$	$3\sqrt{3}/16$ 極大	$\searrow$	(0)

(3)

x	$\cdots$	0	$\cdots$	2	$\cdots$
y'	$-$	0	$+$	0	$-$
y	$\searrow$	0 極小	$\nearrow$	$4/e^2$ 極大	$\searrow$

(4)

x	$(-\sqrt{2})$	$\cdots$	1	$\cdots$	$(\sqrt{2})$
y'		+	0	−	
y	$(-\sqrt{2})$	↗	2 極大	↘	$(\sqrt{2})$

(5)

x	(0)	$\cdots$	e	$\cdots$
y'		+	0	−
y		↗	$1/e$ 極大	↘

(6)

x	(0)	$\cdots$	e	$\cdots$
y'		+	0	−
y		↗	$e^{1/e}$ 極大	↘

(7)

x	$\cdots$	0	$\cdots$	1	$\cdots$
y'	+	0	−	0	+
y	↗	0 極大	↘	$1-\dfrac{1}{2}\log 2-\dfrac{\pi}{4}$ 極小	↗

(8)

x	(0)	$\cdots$	$\pi/4$	$\cdots$	$\pi/2$	$\cdots$	(π)
y'		−	0	+	0	−	
y	(1)	↘	$1/\sqrt{2}$ 極小	↗	1 極大	↘	(-1)

(9)

x	$(-\pi)$	$\cdots$	$-\pi/3$	$\cdots$	$\pi/3$	$\cdots$	(π)
y'		−	0	+	0	−	
y	(0)	↘	$-3\sqrt{3}/4$ 極小	↗	$3\sqrt{3}/4$ 極大	↘	(0)

(10)

x	(0)	$\cdots$	$1/3$	$\cdots$
y'		−	0	+
y		↘	$2\log 2 - 3/2$ 極小	↗

□ 第 2.3 節の問題

1. (1) $\dfrac{3}{(1+2x)^{5/2}}$ (2) $(x^2-1)e^{-x^2/2}$

(3) $-2e^x \sin x$ (4) $x^x\left((1+\log x)^2 + \dfrac{1}{x}\right)$

2. 省略

3. (1) $(-1)^n e^{-x}(1+n-x)$

(2) $e^x\left(x^3 + 3nx^2 + 3n(n-1)x + n(n-1)(n-2)\right)$

(3) $x 2^n \cos\left(2x + \dfrac{n}{2}\pi\right) + n 2^{n-1} \sin\left(2x + \dfrac{n}{2}\pi\right)$

(4) $3^{n-2}(9x^2 - n(n-1))\sin\left(3x + \dfrac{n}{2}\pi\right) - 2nx\, 3^{n-1}\cos\left(3x + \dfrac{n}{2}\pi\right)$

(5) $(-1)^n n!\, \dfrac{1}{(x+1)^{n+1}}$

(6) $(-1)^n n!\left(\dfrac{1}{(x+1)^{n+1}} - \dfrac{1}{(x+2)^{n+1}}\right)$

(7) $\log(1+x) + \dfrac{x}{1+x}$ $(n=1)$, $(-1)^n(n-2)!\,\dfrac{n+x}{(1+x)^n}$ $(n \geq 2)$

(8) $2^{2n-1}\sin\left(4x + \dfrac{n}{2}\pi\right) + 2^{n-1}\sin\left(2x + \dfrac{n}{2}\pi\right)$

4. $\varphi'(x)$ の符号を調べる.

5. 左側の不等式は a を定数と見て前問 4 を，右側の不等式は c を定数と見て前問 4 を用いる.

□ 第 2.4 節，第 2.5 節の問題

1. (1) $\cos x = 1 - \dfrac{1}{2}x^2 + \dfrac{\cos\theta x}{24}x^4$. 以下すべて $0 < \theta < 1$.

(2) $\dfrac{1}{1+x} = 1 - x + x^2 - x^3 + \dfrac{x^4}{(1+\theta x)^5}$

(3) $\log(1+x) = x - \dfrac{1}{2}x^2 + \dfrac{1}{3}x^3 - \dfrac{x^4}{4(1+\theta x)^4}$

(4) $\dfrac{1}{\sqrt{1-x}} = 1 + \dfrac{1}{2}x + \dfrac{3}{8}x^2 + \dfrac{5}{16}x^3 + \dfrac{35}{128} \cdot \dfrac{x^4}{(1-\theta x)^{9/2}}$

2. (1) $\dfrac{1}{3}$ (2) $\dfrac{1}{2}$ (3) $\dfrac{1}{2}$ (4) $\dfrac{16}{3}$ (5) 0 (6) 0 (7) 1 (8) $\dfrac{2}{\pi}$

3. (1) 1 (2) e^2 (3) $\dfrac{1}{\sqrt{e}}$ (4) $\sqrt{ab}$

4. $f(x)$ の $x=a$ におけるテイラーの定理 $(n=2)$ を用いる.

5. e^x にマクローリンの定理 $(n=3)$ を用いて $x=-0.06$ を代入.
剰余項には $0 < e^{-0.06\theta} < 1$ を使う.

演習問題の略解　　**205**

□ **第 3.1 節の問題**

1. (1) $-2\sqrt{1-x}$　(2) $2\log|x-1| + \dfrac{1}{x-1}$　(3) $\dfrac{x^2}{2}\log x - \dfrac{x^2}{4}$

(4) $\dfrac{e^x}{2}(\sin x - \cos x)$　(5) $-\sqrt{1-x^2}$　(6) $\dfrac{1}{2}\log(x^2+1)$

(7) $x\operatorname{Arcsin} x + \sqrt{1-x^2}$　(8) $x\operatorname{Arctan} x - \dfrac{1}{2}\log(x^2+1)$

(9) $-\dfrac{1}{3}\cos^3 x$　(10) $\operatorname{Arcsin}\left(\dfrac{x-q}{p}\right)$

(11) $\operatorname{Arctan} e^x$　(12) $\operatorname{Arcsin}\left(\dfrac{2x-(a+b)}{b-a}\right)$

2. (1) e^2　(2) $\dfrac{a^2\pi}{4}$　(3) $\dfrac{e^4-1}{2}$　(4) $\dfrac{1}{12}$　(5) $\dfrac{2}{3}$　(6) $\log 2$

(7) $\dfrac{2(4-\log 3)}{3}$　(8) $a \geq 1$ のとき $\dfrac{2}{a}$, $0 < a < 1$ のとき 2.

3. 積分区間を $[0, \pi/2]$ と $[\pi/2, \pi]$ に分ける.

4. 部分積分により $I_n = -x^n e^{-x} + nI_{n-1}$ ($n \geq 1$).
この漸化式は $n!$ で割ると解けて $I_n = n!\left(1 - e^{-x}\sum_{k=0}^{n}\dfrac{x^k}{k!}\right)$ ($n \geq 0$).

□ **第 3.2 節の問題**

1. (1) $x + 5\log|x+2| - 2\log|x+1|$

(2) $-\log|x+1| + 2\log|x-2| - \dfrac{4}{x-2}$

(3) $\log(x^2+6x+10) - \operatorname{Arctan}(x+3)$

(4) $\dfrac{1}{5}\log|x-2| - \dfrac{1}{10}\log(x^2+1) - \dfrac{2}{5}\operatorname{Arctan} x$

(5) $\dfrac{1}{2}\log|x-2| + \dfrac{1}{2}\log|x| - \log|x-1|$

(6) $2\log|x-1| + \dfrac{1}{x-1} - \log(x^2+1)$

2. (1) $\operatorname{Arctan}\left(\dfrac{\sqrt{x-1}}{2}\right)$　(2) $\log\left|\dfrac{\sqrt{x+1}-1}{\sqrt{x+1}+1}\right|$

(3) $\dfrac{1}{2}\log(1 + 3x^{2/3})$　(4) $\log\left|\dfrac{x-1+\sqrt{x^2+1}}{x+1+\sqrt{x^2+1}}\right|$

(5) $\dfrac{-2}{x+1+\sqrt{x^2-1}}$　(6) $-\dfrac{2}{3}\left(\dfrac{1-x}{x}\right)^{3/2}$

3. (1) $\log\left|\tan\dfrac{x}{2}\right|$ (2) $\dfrac{1}{\sqrt{2}}\operatorname{Arctan}\left(\dfrac{1}{\sqrt{2}}\tan\dfrac{x}{2}\right)$

(3) $\tan\dfrac{x}{2}$ (4) $\dfrac{-2}{3+\tan(x/2)}$

(5) $\dfrac{1}{6}\left(1+\tan\dfrac{x}{2}\right)^3$ (6) $\log\left|\dfrac{1+\tan(x/2)}{2+\tan(x/2)}\right|$

□ 第 3.3 節の問題

1. (1) $2\sqrt{2}$ (2) $\log 2$ (3) -1 (4) $\dfrac{\pi}{6}$

(5) $\dfrac{\pi-2}{8}$ (6) $\dfrac{1}{2}$ (7) $\dfrac{1}{2}$

(8) π (9) 1 (10) $a\geq 1$ のとき $\dfrac{2}{a}$, $0<a<1$ のとき 2.

2. (1) 収束   (2) 発散 $[+\infty$ に$]$ (3) 収束   (4) 発散 $[+\infty$ に$]$

(5) 収束   (6) 発散 $[\infty-\infty$ の形となり広義積分は存在しない$]$

□ 第 3.5 節の問題

1. (1) 14 (2) $6a$ (3) $8a$ (4) $\dfrac{\sqrt{2}+\log(1+\sqrt{2})}{4}$ (5) $\dfrac{14}{3}$

□ 第 4.2 節, 第 4.3 節の問題

1. z_x, z_y の順に

(1) $2x+3y^2$, $6xy+4y^3$ (2) $\dfrac{-\sqrt{y}}{2x\sqrt{x}}$, $\dfrac{1}{2\sqrt{xy}}$

(3) ye^{xy}, xe^{xy} (4) $4\cos(4x-3y)$, $-3\cos(4x-3y)$

(5) $2e^{2x}\cos 3y$, $-3e^{2x}\sin 3y$ (6) $\dfrac{2y}{(x+y)^2}$, $\dfrac{-2x}{(x+y)^2}$

(7) $\dfrac{2x}{x^2+y^2}$, $\dfrac{2y}{x^2+y^2}$ (8) $\dfrac{y^2-x^2}{(x^2+y^2)^2}$, $\dfrac{-2xy}{(x^2+y^2)^2}$

(9) $\dfrac{-y}{x^2+y^2}$, $\dfrac{x}{x^2+y^2}$ (10) yx^{y-1}, $x^y\log x$

2. $\dfrac{d}{dx}f(x,x^2)=-3x^2+6x^5$, $\dfrac{\partial f}{\partial x}(x,x^2)=x^2$

3. $f(x,y)=x^2+xe^y+y^2+1$

4. (1) $F'(t)=f_x(t^2,e^t-1)\,2t+f_y(t^2,e^t-1)\,e^t$

$F'(0) = f_y(0,0)$

(2) $F'(t) = f_x(2\cos t, 3\sin t)(-2\sin t) + f_y(2\cos t, 3\sin t) 3\cos t$
$F'(0) = 3f_y(2,0)$

(3) $F'(t) = f_x(e^{2t}, \tan^2 t) 2e^{2t} + f_y(e^{2t}, \tan^2 t) 2\dfrac{\tan t}{\cos^2 t}$
$F'(0) = 2f_x(1,0)$

5. 解答中の f_x, f_y は指定された s, t の関数を代入したもの.

(1) $F_s(s,t) = f_x + 2f_y, \quad F_t(s,t) = 4f_x - 3f_y,$
$F_s(0,0) = f_x(0,0) + 2f_y(0,0), \quad F_t(0,0) = 4f_x(0,0) - 3f_y(0,0)$

(2) $F_s(s,t) = (e^s \cos t)f_x + (e^s \sin t)f_y,$
$F_t(s,t) = (-e^s \sin t)f_x + (e^s \cos t)f_y,$
$F_s(0,0) = f_x(1,0), \quad F_t(0,0) = f_y(1,0)$

(3) $F_s(s,t) = (2s)f_x + (te^{st})f_y, \quad F_t(s,t) = (-2t)f_x + (se^{st})f_y,$
$F_s(0,0) = F_t(0,0) = 0$

6. (1) $x = uv, \ y = v(1-u)$. ヤコビ行列は $\begin{pmatrix} v & u \\ -v & 1-u \end{pmatrix}$

(2) $x = \sqrt{\dfrac{u}{v}}, \ y = \sqrt{uv}$. ヤコビ行列は $\dfrac{1}{2}\begin{pmatrix} \dfrac{1}{\sqrt{uv}} & -\dfrac{\sqrt{u}}{v\sqrt{v}} \\ \sqrt{\dfrac{v}{u}} & \sqrt{\dfrac{u}{v}} \end{pmatrix}$

7. ヤコビ行列の関係式 $\begin{pmatrix} r_x & r_y \\ \theta_x & \theta_y \end{pmatrix} = \begin{pmatrix} x_r & x_\theta \\ y_r & y_\theta \end{pmatrix}^{-1}$ を用いる.

8. z_u, z_v を z_x, z_y で表す.

9. z_x, z_y を z_r, z_θ で表す. (1) $(z_r)^2 + \dfrac{1}{r^2}(z_\theta)^2$ (2) z_θ (3) rz_r

10. (1) $z_s = \dfrac{1}{2}f_x + \dfrac{1}{2}f_y, \ z_t = \dfrac{1}{2}f_x - \dfrac{1}{2}f_y$

(2) 条件より $z_t = 0$. 従って, $f\left(\dfrac{s+t}{2}, \dfrac{s-t}{2}\right)$ は s のみの関数.

11. (1) $z_r = \cos\theta f_x + \sin\theta f_y, \ z_\theta = -r\sin\theta f_x + r\cos\theta f_y$

(2) 条件より $z_\theta = 0$. 従って, $f(r\cos\theta, r\sin\theta)$ は r のみの関数.

第 4.4 節の問題

1. $z_{xx}, \ z_{yy}, \ z_{xy}$ の順に

(1) $y^2 e^{xy}, \qquad x^2 e^{xy}, \qquad (1+xy)e^{xy}$

(2) $-4\cos(2x+y)$, $\quad -\cos(2x+y)$, $\quad -2\cos(2x+y)$

(3) $\dfrac{y^2}{(x^2+y^2)^{3/2}}$, $\quad \dfrac{x^2}{(x^2+y^2)^{3/2}}$, $\quad -\dfrac{xy}{(x^2+y^2)^{3/2}}$

(4) $6xy$, $\quad -6xy$, $\quad 3(x^2-y^2)$

(5) $\dfrac{2xy}{(x^2+y^2)^2}$, $\quad -\dfrac{2xy}{(x^2+y^2)^2}$, $\quad \dfrac{y^2-x^2}{(x^2+y^2)^2}$

(6) $\dfrac{y^2-x^2}{(x^2+y^2)^2}$, $\quad \dfrac{x^2-y^2}{(x^2+y^2)^2}$, $\quad -\dfrac{2xy}{(x^2+y^2)^2}$

2. (1) $(x^2+y^2)e^{xy}$ $\quad$ (2) $-5\cos(2x+y)$ $\quad$ (3) $\dfrac{1}{\sqrt{x^2+y^2}}$

(4) から (6) は 0.

3. $\dfrac{\partial^2}{\partial u^2}f(au-bv, bu+av) = \left(a\dfrac{\partial}{\partial x}+b\dfrac{\partial}{\partial y}\right)^2 f(au-bv, bu+av)$ 等

4. (1) $z_x = f'(r)\dfrac{x}{r}$, $z_y = f'(r)\dfrac{y}{r}$

(2) $z_{xx} = \dfrac{\partial}{\partial x}\left(f'(r)\dfrac{x}{r}\right)$ を計算する.

5. (1) 式 (4.15) $\dfrac{\partial z}{\partial x} = \cos\theta\dfrac{\partial z}{\partial r} - \dfrac{\sin\theta}{r}\dfrac{\partial z}{\partial \theta}$ より

$$\dfrac{\partial^2 z}{\partial x^2} = \dfrac{\partial}{\partial x}\left(\cos\theta\dfrac{\partial z}{\partial r} - \dfrac{\sin\theta}{r}\dfrac{\partial z}{\partial \theta}\right)$$

$$= \left(\cos\theta\dfrac{\partial}{\partial r} - \dfrac{\sin\theta}{r}\dfrac{\partial}{\partial \theta}\right)\left(\cos\theta\dfrac{\partial z}{\partial r} - \dfrac{\sin\theta}{r}\dfrac{\partial z}{\partial \theta}\right)$$

(2) (1) と同様にして $\dfrac{\partial^2 z}{\partial y^2}$ を計算する.

6. 接平面,法線の順に

(1) $z = -7x + y - 5$, $\quad \dfrac{x+1}{-7} = \dfrac{y-1}{1} = \dfrac{z-3}{-1}$

(2) $z = 2x + y + 1$, $\quad \dfrac{x-2}{2} = \dfrac{y}{1} = \dfrac{z-5}{-1}$

(3) $3x + 4y - 5z = 0$, $\quad \dfrac{x-3}{3} = \dfrac{y-4}{4} = \dfrac{z-5}{-5}$

□ 第 4.5 節の問題

1. (1) 点 $\left(\dfrac{4}{3}, \dfrac{5}{3}\right)$ で極小値 $-\dfrac{7}{3}$ $\quad$ (2) 点 $(0,0)$ で極小値 0

(3) 点 $\left(\dfrac{4}{3}, \dfrac{4}{3}\right)$ で極小値 $-\dfrac{32}{27}$ $\quad$ (4) 点 $(0,0)$ で極小値 0

(5) 点 $\left(\dfrac{1}{3}, \dfrac{1}{3}\right)$ で極大値 $\dfrac{1}{27}$ (6) 点 $\left(\dfrac{3}{2}, \pm\dfrac{3}{2}\right)$ で極小値 $-\dfrac{27}{16}$

□ 第 4.6 節の問題

1. (1) $9x + y = 3$ (2) $2x + 3y = 1$
   (3) $2x + 3y = -1$ (4) $x + 4y = 4$

□ 第 5.1 節の問題

1. (1) 16 (2) $\dfrac{16}{3}$ (3) $\log 2$ (4) $\dfrac{1}{2}$

2. (1) $\dfrac{3}{4}$ (2) $\dfrac{4}{27}$ (3) $\dfrac{e^2+1}{4}$ (4) $4a$ (5) $\dfrac{4}{3}$ (6) 1

3. (1) $\displaystyle\int_0^4 dy \int_{y/2}^{\sqrt{y}} f(x,y)\,dx$ (2) $\displaystyle\int_0^1 dx \int_{x^2}^{\sqrt{x}} f(x,y)\,dy$

(3) $\displaystyle\int_0^2 dy \int_{y/2}^{y} f(x,y)\,dx + \int_2^4 dy \int_{y/2}^{2} f(x,y)\,dx$

(4) $\displaystyle\int_{-2}^0 dy \int_{-y}^{2} f(x,y)\,dx + \int_0^8 dy \int_{\sqrt[3]{y}}^{2} f(x,y)\,dx$

□ 第 5.2 節の問題

1. (1) $\dfrac{4(e-1)}{3}$ (2) $\dfrac{4}{3}$ (3) 6 (4) $\dfrac{e - e^{-1}}{4}$

2. (1) $\dfrac{3\pi}{4}$ (2) $\dfrac{\pi(e-1)}{2}$ (3) 9 (4) 2 (5) $\dfrac{\pi}{4}$ (6) $\dfrac{(ab)^2}{8}$

3. (1) $\sqrt{2\pi}$ $\sqrt{2\pi e}$

□ 第 5.3 節の問題

1. (1) $\dfrac{3}{2}$ (2) -8 (3) $\dfrac{1}{10}$ (4) $\dfrac{\pi}{6}$ (5) $\dfrac{1}{12}$ (6) $\dfrac{4\pi}{3}$

□ 第 5.4 節の問題

1. (1) $\dfrac{3}{2}$ (2) $\dfrac{1}{90}$ (3) $\dfrac{\pi}{4}$ (4) $\dfrac{16}{15}$

2. (1) $8ab$ (2) $\dfrac{1}{\sqrt{2}}a^2\pi$ (3) $4a\pi(a - \sqrt{a^2 - b^2})$

3. (1) $\dfrac{56\pi}{3}$ (2) $\left(1 + \dfrac{1}{2}\sinh 2\right)\pi$ (3) $4ab\pi^2$ (4) $\dfrac{12\pi}{5}$

□ 第 5.5 節の問題

1. (1) $\dfrac{3}{8}$　(2) $\dfrac{3\sqrt{\pi}}{8}$　(3) 240　(4) $\dfrac{2}{27}$

2. (1) $\dfrac{8}{315}$　(2) $\dfrac{1}{120}$　(3) $\dfrac{3\pi}{16}$　(4) $\dfrac{5\pi}{128}$　(5) $\dfrac{\pi}{32}$　(6) $\dfrac{\pi}{8}$　(7) $\dfrac{1}{60}$

3. 左辺の二つの積分をそれぞれベータ関数で表す．次に，ベータ関数をガンマ関数で表し，$\Gamma(s+1) = s\Gamma(s)$, $\Gamma\left(\dfrac{1}{2}\right) = \sqrt{\pi}$ を用いる．

□ 第 6.1 節の問題

1. (3) と (6) は発散，あとは収束

2. $s \leq 0$ のとき，$n \geq 3$ で $\dfrac{1}{n(\log n)^s} \geq \dfrac{1}{n}$ となり発散．$s > 0$ のときは $f(x) = \dfrac{1}{x(\log x)^s}$ の積分と比較する．

3. (1)(2)(3) 省略．(4) $\dfrac{n}{n^2+4}$ の単調性は，関数 $\dfrac{x}{x^2+4}$ の増減を調べても分かる．

□ 第 6.2 節の問題

1. (1) e^2　(2) 1　(3) ∞　(4) $\dfrac{2}{5e}$　(5) $\dfrac{1}{\sqrt{3}}$
　　(6) 0　(7) $\dfrac{e}{2}$　(8) $\dfrac{1}{2}$　(9) $\dfrac{1}{3}$　(10) $\dfrac{2}{3}$

2. (1) $\displaystyle\sum_{n=2}^{\infty} (-1)^n x^n \quad (|x| < 1)$　(2) $\displaystyle\sum_{n=0}^{\infty} \left(2^n - (-1)^n\right) x^n \quad \left(|x| < \dfrac{1}{2}\right)$

(3) $\displaystyle\sum_{n=0}^{\infty} \dfrac{x^n}{2^{n+1}} \quad (|x| < 2)$　(4) $\log 2 + \displaystyle\sum_{n=1}^{\infty} \dfrac{(-1)^{n-1}}{2^n n} x^n \quad (|x| < 2)$

(5) $\displaystyle\sum_{n=0}^{\infty} \dfrac{(2n-1)!!}{(2n)!!} x^n \quad (|x| < 1)$　(6) $\displaystyle\sum_{n=0}^{\infty} \dfrac{x^{2n}}{(2n)!} \quad (x \in \mathbb{R})$

(7) $\displaystyle\sum_{n=1}^{\infty} (-1)^{n-1} \dfrac{2^{2n-1}}{(2n)!} x^{2n} \quad (x \in \mathbb{R})$

(8) $\displaystyle\sum_{n=0}^{\infty} (-1)^n \dfrac{5^{2n+1} + 3^{2n+1}}{(2n+1)!} x^{2n+1} \quad (x \in \mathbb{R})$

3. (1) $f(x) = \displaystyle\sum_{n=0}^{\infty} (-1)^n \dfrac{(2n-1)!!}{(2n)!!} \cdot \dfrac{x^{2n+1}}{2n+1} \quad (|x| < 1)$

(2) $f(x) = \sin x - x\cos x$

4. (1) $f^{(2n)}(0) = 0$. $\quad f^{(2n+1)}(0) = (-1)^n 2^{2n+1}(2n)!, \quad n \geq 0$.

(2) $f^{(2n+1)}(0) = 0$. $\quad f(0) = 0, \quad f^{(2n)}(0) = (2n)!\dfrac{(-1)^{n-1}}{n}, \quad n \geq 1$.

(3) $f^{(2n)}(0) = 0$. $\quad f^{(2n+1)}(0) = \dfrac{(2n+1)!}{n!}, \quad n \geq 0$.

5. (1) $x + x^2 + \dfrac{1}{3}x^3$ $\quad$ (2) $1 - x + \dfrac{1}{2}x^2 - \dfrac{1}{2}x^3$ $\quad$ (3) $x + x^2 + \dfrac{2}{3}x^3$

6. (1) $\displaystyle\sum_{n=0}^{\infty} e^2 \dfrac{2^n}{n!}(x-1)^n \quad (x \in \mathbb{R})$

(2) $\displaystyle\sum_{n=0}^{\infty} \left(1 - \dfrac{1}{2^{n+1}}\right)(x-1)^n \quad (|x-1| < 1)$

□ 第 7.1 節の問題

1. (1) $y = ce^{-x^2/2}$ $\quad$ (2) $y = \log(x^2 + c)$

(3) $y = ce^{2x}$ $\quad$ (4) $y = 2 - ce^{-x}$

(5) $y = -2$ 及び $y = -\dfrac{1}{x^2 + c} - 2$

(6) $y = 0$ 及び $y = \dfrac{1}{2 + ce^{-x}}$

(7) $y = \dfrac{c}{1-x} - 1$ $\quad$ (8) $y = cxe^x$ $\quad$ (9) $y = \sinh(x^3 + c)$

2. (1) $y = ce^{x/y}$ $\quad$ (2) $y = 0$ 及び $y = \dfrac{x}{\log|x| + c}$

(3) $x^2 + y^2 = cx$ $\quad$ (4) $y = x + \log(x + c)$

(5) $y = x - 1$ 及び $y = x - \dfrac{ce^{2x} - 1}{ce^{2x} + 1}$

3. (1) $y = ce^{2x} - e^x$ $\quad\quad$ (2) $y = (c - \cos x)e^x$

(3) $y = ce^{x^2} - e^{x^2/2}$ $\quad\quad$ (4) $y = x(\log|x| + c)$

(5) $y = x^3((x-1)e^x + c)$ $\quad\quad$ (6) $y = \dfrac{\log x - 1}{x} + \dfrac{c}{x^2}$

(7) $y = ce^{-x} + \dfrac{\cos x + \sin x}{2}$ $\quad$ (8) $y = ce^{-2x} + \dfrac{2\sin x - \cos x}{5}$

(9) $y = \cos x\,(\sin x + c)$

4. (1) $2x^2 + 5xy + y^3 = c$ $\quad$ (2) $xy + \cos x + \sin y = c$

(3) $e^x + x^2 y + 2xy^2 + e^y = c$

5. $y = 2x^2$

□ 第 7.2 節の問題

1. (1) $y = 2e^{3x} + e^{-2x}$ (2) $y = 2e^x + e^{-2x}$
(3) $y = (2 + 3x)e^{-x}$ (4) $y = e^{-x}(\cos x + 2\sin x)$
(5) $y = (1 - x)e^{-2x}$ (6) $y = ce^{-x} \sin 2x$

2. (1) $(b - a)e^{(a+b)x}$ (2) e^{2ax} (3) qe^{2px}

3. (1) $y = c_1 e^{2x} + c_2 e^{3x} + e^{3x}\left(\dfrac{1}{2}x^2 - x\right)$

(2) $y = (c_1 + c_2 x)e^{2x} + \dfrac{1}{12}x^4 e^{2x}$

(3) $y = e^x(c_1 \cos x + c_2 \sin x) + e^x(\sin x \, \log|\sin x| - x \cos x)$

4. (1) $y = c_1 e^x + c_2 e^{-x} + \dfrac{1}{3}e^{-2x}$

(2) $y = c_1 e^{-x} + c_2 e^{3x} + 2x e^{3x}$

(3) $y = (c_1 + c_2 x)e^x + \dfrac{1}{2}x^2 e^x$

(4) $y = (c_1 + c_2 x)e^{-x} + \dfrac{1}{5}(4\sin 2x - 3\cos 2x)$

(5) $y = e^{2x}(c_1 \cos x + c_2 \sin x) + \dfrac{1}{2}(\cos x + \sin x)$

(6) $y = (c_1 \cos x + c_2 \sin x) + \dfrac{1}{2}x \sin x$

(7) $y = (c_1 \cos 2x + c_2 \sin 2x) - \dfrac{1}{4}x \cos 2x$

(8) $y = c_1 e^x + c_2 e^{2x} + x^2 + 3x + 4$

(9) $y = c_1 + c_2 e^{-x} + x^3 - 3x^2 + 6x$

索　引

■ 英数字
Arccos, 17
Arcsin, 17
Arctan, 18
$\cos^{-1}$, 18
cosh, 21
exp, v
$\sin^{-1}$, 18
sinh, 21
$\tan^{-1}$, 18
tanh, 21

■ あ行
アーベルの定理, 175
1 対 1, 136
1 階線形微分方程式, 184
一般解, 181
一般二項展開, 171
陰関数定理, 118
上に有界, 3
n 回微分可能, 35
n 次導関数, 35
オイラーの公式, 178

■ か行
解, 181
完全微分方程式, 186
ガンマ関数, 83
基本解, 191
逆関数, 14

逆三角関数, 16
級数, 161
境界条件, 192
境界値問題, 192
極限, 1, 6, 93
極座標, 103
極小, 31, 112
極小値, 31, 112
極大, 31, 112
極大値, 31, 112
極値, 31, 112
空間極座標, 145
区間, 1
区分求積法, 87
原始関数, 59
広義積分, 75
項別積分, 168
項別微分, 168
コーシーの収束判定法, 163

■ さ行
最小値, 12
最大値, 12
3 重積分, 142
下に有界, 3
実数の連続性, 3
重積分, 126
収束, 1, 6, 93, 161
収束半径, 167
剰余項, 39, 108

初期条件, 183, 192
初期値問題, 183, 192
整級数, 166
正項級数, 162
斉次形, 184
積分, 60
積分順序の交換, 128
積分定数, 60
絶対収束, 163
接平面, 110
双曲線関数, 21

■ た行
対数微分法, 27
ダランベールの収束判定法, 163
単純な領域, 129, 130
単調, 14
単調減少, 3, 14
単調増加, 3, 14
置換積分法, 63, 66
中間値の定理, 12
定数変化法, 184, 193
定積分, 58
テイラーの定理, 39, 108
導関数, 23
同次形, 183
特異解, 181
特殊解, 181
特性方程式, 189
特解, 181

■ な行
2階定数係数斉次線形微分方程式, 188
二項展開, 171
2重積分, 126
ニュートンの運動方程式, 191
任意定数, 181

■ は行
はさみうちの原理, 2, 8

発散, 2, 161
幅, 87
非斉次形, 184
左極限, 7
微分, 23
微分可能, 22
微分係数, 22
微分積分学の基本定理, 61
微分方程式, 181
不定積分, 60
負の無限大に発散, 2
部分積分法, 61, 66
部分分数分解, 68
部分和, 161
分割, 87
平均値の定理, 33
平面の方程式, 110
ベータ関数, 85
べき級数, 166
ヘッシアン, 113
変数分離形, 182
変数変換, 136, 144
偏導関数, 95
偏微分, 95
偏微分可能, 95
偏微分係数, 95
方向微分係数, 100
法線, 110
法線ベクトル, 110

■ ま行
マクローリン展開, 47
マクローリンの定理, 40
右極限, 6
未定係数法, 195
無限回微分可能, 35
無限大に発散, 2, 7

■ や行
ヤコビアン, 137

ヤコビ行列, 102
有理式, 68

■ ら行・わ行
ライプニッツの公式, 37
ライプニッツの定理, 165
ラプラシアン, 124

累次積分, 128
連鎖律, 97, 101
連続, 11, 94
ロピタルの定理, 50
ロルの定理, 33
ロンスキアン, 194
和, 161

〈著者紹介〉

永安 聖（ながやす せい）
2006 年　大阪大学大学院理学研究科博士後期課程修了
現　在　兵庫県立大学大学院物質理学研究科准教授
　　　　博士（理学）
専　門　偏微分方程式の逆問題

平野 克博（ひらの かつひろ）
1997 年　東京大学大学院数理科学研究科博士後期課程修了
現　在　兵庫県立大学大学院物質理学研究科准教授
　　　　博士（数理科学）
専　門　確率論

山内 淳生（やまうち あつお）
2001 年　京都大学大学院理学研究科博士後期課程修了
現　在　兵庫県立大学大学院物質理学研究科准教授
　　　　博士（理学）
専　門　整数論（保型形式論）

理工系のための **微分積分学入門** *Introduction to calculus* *for science and technology* 2013 年 11 月 10 日　初版 1 刷発行 2020 年 3 月 1 日　初版 6 刷発行	著　者　永　安　　聖　ⓒ 2013 　　　　平野克博 　　　　山内淳生 発行者　南條光章 発行所　**共立出版株式会社** 　　　　〒 112-0006 　　　　東京都文京区小日向 4 丁目 6 番 19 号 　　　　電話（03）3947-2511（代表） 　　　　振替口座 00110-2-57035 番 　　　　URL www.kyoritsu-pub.co.jp 印　刷　大日本法令印刷 製　本　協栄製本

検印廃止
NDC 413.3
ISBN 978-4-320-11058-8

一般社団法人
自然科学書協会
会員

Printed in Japan

JCOPY ＜出版者著作権管理機構委託出版物＞
本書の無断複製は著作権法上での例外を除き禁じられています．複製される場合は，そのつど事前に，出版者著作権管理機構（TEL：03-5244-5088，FAX：03-5244-5089，e-mail：info@jcopy.or.jp）の許諾を得てください．